# 表面等离激元手性机理的电-磁耦合分析

BIAOMIAN DENGLI JIYUAN SHOUXING JILI DE DIAN-CI OUHE FENXI

胡 莉 方蔚瑞◎著

重庆大学出版社

## 内容提要

本书针对表面等离激元手性光学研究中的热点和难点问题进行初步的基础性研究。采用电-磁耦合模型定量分析了非固有手性表面等离激元的手性响应机理；对矩形劈裂环进行杂化模式分析及半解析分析；采用耦合偶极模型定量分析了固有手性表面等离激元的手性响应；研究纳米米二聚体的Fano共振及其协助增强表面等离激元CD响应；以及劈裂环和纳米米二聚体在超手性场、远场中的传感特性等，从而为进一步理论和实验研究提供理论参考，也可为物理学、材料学等专业学习提供参考。

**图书在版编目(CIP)数据**

表面等离激元手性机理的电-磁耦合分析/胡莉，方蔚瑞著.—重庆：重庆大学出版社，2017.5(2018.3重印)

ISBN 978-7-5689-0465-0

Ⅰ.①表… Ⅱ.①胡… ②方… Ⅲ.①等离子体物理光谱—耦合—分析方法 Ⅳ.①O53

中国版本图书馆CIP数据核字(2017)第100636号

**表面等离激元手性机理的电-磁耦合分析**

胡 莉 方蔚瑞 著

策划编辑：何 梅

责任编辑：文 鹏 姜 凤 版式设计：何 梅

责任校对：邹 忌 责任印制：张 策

*

重庆大学出版社出版发行

出版人：易树平

社址：重庆市沙坪坝区大学城西路21号

邮编：401331

电话：(023)88617190 88617185(中小学)

传真：(023)88617186 88617166

网址：http://www.cqup.com.cn

邮箱：fxk@cqup.com.cn(营销中心)

全国新华书店经销

重庆长虹印务有限公司印刷

*

开本：720mm×1020mm 1/16 印张：8.25 字数：99千

2017年5月第1版 2018年3月第2次印刷

ISBN 978-7-5689-0465-0 定价：38.00元

---

# 前言

手性（Chirality）在自然界中几乎无处不在，它遍及生命化学等现代科学研究的各个领域。对于地球上大部分生物而言，手性药物分子的构型不同从而具有不同的生理毒性和活性，因此，对手性信号的检测及手性分子的识别和分离是生物制药、有机化学、高分子材料及药物化学等领域的研究重点和热点。然而自然界手性分子对入射光的响应非常弱且其响应波段局限于紫外光波段，这就极大地限制了它的有效应用。随着纳米技术和表面等离激元科学的发展，科学家们研究发现利用表面等离激元的局域增强效应可以大大地增强圆二色响应（Circular Dichroism，CD）及产生超手性场，并能将响应拓展到可见光及近红外波段。表面等离激元共振对金属纳米结构的形状、尺寸、材料及所处环境非常敏感，从而具有很强的可调谐性。因此，基于表面等离激元手性响应的研究备受研究者们的重视。

本书共 6 章内容，各章内容大致如下：第 1 章介绍表面等离激元的基本概念、分类、制备和计算方法；第 2 章介绍手性光学的基本理论以及表面等离激元手性的研究概况；第 3 章利用杂化理论及电-磁耦合模型对非手性结构的表面等离激元手性响应进行分析，并以非对称的矩形劈裂环为例进行了详细分析；第 4 章利用电-磁耦合模型对手性三维纳米结构的固有手性响应进行分析,并通过多个三维手性结构对电-磁耦合模型进行了验证;第5章利用电-磁耦合理论对纳米米二聚体的Fano共振和CD响应进行了详细分析;第6章在前面的研究基础上,重点分析了矩形劈裂环和纳米米二聚体的远场和近场手性传感特性。

本书的出版得到了重庆市检测控制集成系统工程实验室2016年开放课题经费资助以及重庆工商大学和重庆大学出版社的大力支持。在此一并表示衷心的感谢!

由于著者水平有限,书中不妥之处在所难免,热忱欢迎读者批评指正。

胡莉　方蔚瑞

2016年12月

# 目录

# 第1章 表面等离激元基本概述

## 1.1 表面等离激元的基本概念

表面等离激元光子学(Plasmonics)是近年来快速发展并备受关注的一门新兴学科。随着纳米技术特别是微纳加工、纳米材料合成以及高精度表征技术的发展,纳米结构的表面等离激元光子学已发展成为一门集物理、生物、化学等多学科于一身的交叉学科,被称为目前最有希望的纳米集成光子器件的信息载体,并在能源、信息等领域具有重要的应用前景。

表面等离激元是金属表面的自由电子与光子相互作用而引起的自由电子的集体振荡。等离激元(Plasmons)是一种量子化的电荷密度波,是固体中电子相对于离子实正电荷背景集体振荡的元激发[1]。Wood 在

1902 年首次观察到金属光栅中异样的基于表面等离激元传播特性的光反射特征,但对此并没能给出合理的解释[2]。1904 年,Maxwell 借助刚出现的金属材料的 Drude 理论和 Rayleigh 提出的小球电磁场模型,初步解释了金属纳米颗粒掺杂的玻璃呈现出绚丽颜色的现象[3]。紧接着,在 1908 年,目前应用较多的 Mie 氏理论(即球形纳米颗粒的散射理论)由 Mie 提出[4],为球形金属纳米颗粒的表面等离激元特性的研究建立了进一步的基础。1956 年,Pines 在理论上研究发现电子在金属中传播时其能量会快速损失,并解释这种损失来源于金属中自由电子的集体共振,他将这种共振的电子称为"Plasmons(等离激元)"[5]。同年,Fano 将束缚电子与透明介质中传播的光的耦合振动称为"Polariton(激元)"[6]。1957 年,Ritchie 首次提出表面等离激元的概念[7],并在 1968 年解释了之前 Wood 观察到的光在金属光栅中异常传播的行为是由于光在金属光栅的表面激发的表面等离激元共振效应引起的[8]。1968 年,Otto 等报道了在金属薄膜表面利用光激发可实现表面等离激元传播模式的方法,从而使表面等离激元的研究向前大跨了一步[9]。1970 年,Kreibig 和 Zacharias 研究了金、银等贵金属纳米颗粒在光照下表现出的性质,首次明确提出金属纳米颗粒表现出的异常光学性质来自于表面等离激元共振特性[10]。Fleischmann 等 1974 年在粗糙的银电极附近观察到了吡啶分子强烈的拉曼散射增强现象,开启了表面等离激元增强拉曼散射领域[11]。1998 年,Ebbesen 等通过亚波长纳米孔阵列获得了超透射现象[12]。随着近些年的不断研究,如今表面等离激元已经发展成为一门新的交叉学科,涉及纳米光子学、纳米激光器、生物传感器、表面增强拉曼散射、手性材料等诸多领域[13-21]。

## 1.2　表面等离激元的基本原理及分类

金属中存在着大量可以自由移动的价电子，价电子的易巡游性及库仑相互作用的长程性和金属内部微观上任何电子密度的扰动都可能引起系统内电子的集体运动，这种电子的集体振动就被称为等离激元（Plasmons）[1]。

为了同时描述电子的易巡游性和金属的电导率，对电子的行为进行描述，通常采用 Drude 色散模型，也称为自由电子气模型。根据 Drude 色散理论，金属的相对介电常数 $\varepsilon_r$ 可表示为：

$$\varepsilon_r = 1 - \frac{\omega_p^2}{\omega^2 + i\gamma\omega} \tag{1.1}$$

式中，$\gamma = 1/\tau$ 为电子的振荡频率，$\tau$ 为电子在金属中的弛豫时间，用以描述自由电子与金属之间的相互作用。$\omega_p = \sqrt{\frac{ne^2}{\varepsilon_0 m_0}}$ 为金属等离子激元的振荡频率，$e$ 是电子的电荷，$n$ 是电子的密度，$\varepsilon_0$ 是真空的介电常数，$m_0$ 是电子的质量。则 $\varepsilon_r$ 的实部和虚部分别为：

$$\varepsilon' = 1 - \frac{\omega_p^2}{\omega^2 + \gamma^2}, \quad \varepsilon'' = \frac{\gamma}{\omega}\frac{\omega_p^2}{\omega^2 + \gamma^2} \tag{1.2}$$

当电子的碰撞可以忽略时，$\gamma = 0$，则金属的相对介电常数可以简化为：

$$\varepsilon_r = 1 - \frac{\omega_p^2}{\omega^2} \tag{1.3}$$

由公式(1.3)可以得到金属的介电常数 $\varepsilon_r$ 与入射光频率 $\omega$ 之间的关系图如图 1.1 所示。

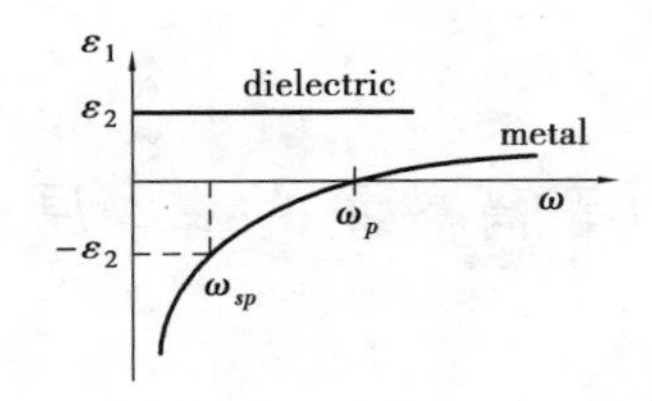


图 1.1 金属的介电常数与光频率之间的关系图[22]

Fig 1.1 The dispersion curves of metal.

当 $\omega=\omega_p$ 时，$Re(\varepsilon(\omega))=0$，就产生表面等离激元共振。而金属的复折射率可以表示为：

$$\tilde{n}(\omega) = n + ik = \sqrt{\varepsilon(\omega)} \tag{1.4}$$

其中 $\varepsilon'=n^2-k^2$，$\varepsilon''=2nk$，由此可得金属的复折射率。用它可以成功地描述金、银、铝等贵金属在可见光及红外波段的光学特性。当考虑离子实对介电常数的贡献时，式(1.1)可以修正为：

$$\varepsilon(\omega) = \varepsilon_\infty - \frac{\omega_p^2}{\omega^2 + i\gamma\omega} \tag{1.5}$$

### 1.2.1 表面等离极化激元

表面等离激元共振(Surface Plasmon Resonance，SPR)是指在入射光的激发下，金属纳米颗粒导带内的电子在入射电磁波频率下的集合相干共振行为。根据其支持共振模式的不同，通常又可分为两种：一种是能够沿着金属表面传播的表面等离极化激元(Surface Plasmon Polaritons，SPP)；另一种是不具有传输特性但有局域增强效应的局域表面等离激元(Localized Surface Plasmon，LSP)[23]。

表面等离极化激元是金属表面在外加入射电磁场的激发下产生的相干电子共振，是一种能沿着金属表面传播的电磁波，而在垂直金属表面的方向上呈现出指数衰减的消逝波形式。通过改变金属表面的结构，可以改变等离激元与光的相互作用,因此具有良好的可控性。利用表面等离激元的传导性质可以突破光的衍射极限,使其在金属纳米结构中传播,所以人们希望通过利用表面等离激元光波导实现更高集成度的光子芯片,从而使通信技术得到很大提高。同样也希望利用高度集成的计算芯片,大幅提高计算机的工作效率。因此,表面等离极化激元在数据存储、亚波长光学、光化学和生物光子学等总舵领域有着广泛的应用前景。

在20世纪50年代 Ritchie 就对传播表面等离激元做了些前驱性工作。当光与金属中的自由电子相互作用时,自由电子与光波共振而发生集体响应。表面电荷的振荡和电磁场之间的相互作用构成了表面等离极化激元,从而形成了其独特的性质。由于表面电荷与电场之间的相互作用,表面等离激元模式的动量 $\hbar k_{sp}$ 比相同频率的光子在真空中的动量 $\hbar k_0$ 要大得多($k_0=\omega/c$,真空中的波矢)。结合 Maxwell 方程组及相应的边界条件,可以解得表面等离激元的色散关系,得到和频率有关的表面等离极化激元的波矢 $k_{sp}$ 为:

$$k_{sp}=k_0\sqrt{\frac{\varepsilon_d\varepsilon_m}{\varepsilon_d+\varepsilon_m}} \tag{1.6}$$

其中,$\varepsilon_m$ 和 $\varepsilon_d$ 分别为金属和介质的介电常数。由 Drude 模型可知,一般的贵金属在可见光区域,金属的介电常数表现为 $Re(\varepsilon_m)<-\varepsilon_d<0$。因此,电荷局域在金属表面附近并沿着表面传播,其波长小于介质中的光波长,这种表面模式被称为表面等离极化激元,也称为传播表面等离激元。当 $Re(\varepsilon_m)=-\varepsilon_d$ 时,$k_{sp}$ 有极大值,对应的振动频率即为表面等离激元共振频率,即

$$\omega_{sp}=\frac{\omega_p}{\sqrt{1+\varepsilon_d}} \tag{1.7}$$

表面等离极化激元是金属表面电子的集体振荡和量子化的电磁波的相互耦合模式,在金属-介质表面上的电磁场和电荷分布如图1.2(a)所示,由

此可知,电磁波是量子化的。

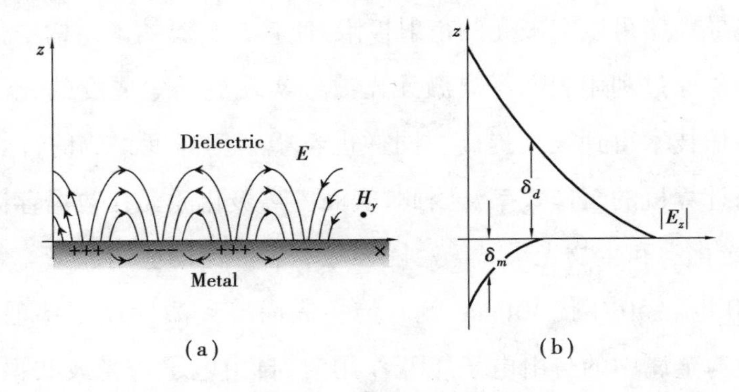


图 1.2 表面等离极化激元示意图

(a)金属表面电子与入射电磁波的耦合示意图;

(b)界面两侧电场随传播距离而衰减的示意图[24]

Fig 1.2 The schematic of SPP.

(a)The schematic view of the coupling of electron and electromagnetic wave.

(b)The electric field decayed with the increase of propagating distance.

表面等离极化激元的能量在传播的过程中不断衰减。我们定义能量衰减到 $1/e$ 时所对应的距离为传播长度 $L_{sp}$,根据计算可得,$L_{sp}=\frac{1}{2}Im(k_{sp})$。对于大多数金属而言,在可见光波段表面等离激元在其表面传播的长度大约只有几微米到几十微米。而在垂直于表面的场方向上表面等离激元的传播随距离以指数形式衰减,如图 1.2(b)所示。这种沿垂直方向不断衰减的场被称为消逝场,这种消逝场的存在使得表面等离激元不具有辐射特性,从而阻止了能量从表面传播出去。人们之所以会对表面等离极化激元产生如此大的兴趣,在很大程度上归功于这种束缚特性。

### 1.2.2 局域表面等离激元

表面等离激元是光和自由电荷相互作用的一种共振模式,其共振频率和金属纳米结构的材料、尺寸、形貌和周围介电环境等息息相关,因此具有很强的可控性。表面等离激元共振在金属表面的电磁场能量束缚特性给金属表面带来了巨大的局域电磁场增强,因此也称其为局域表面等离激元(LSP)。目前,基于局域表面等离激元的研究内容非常广泛,如金属纳米结构的表面光电场增强、表面增强拉曼光谱、表面等离激元近场手性增强、表面等离激元光催化等。随着纳米制备技术的提高,人们通过实验可以制备多种多样的结构,如各种形状的纳米颗粒、纳米线、纳米环、纳米盘、月牙形颗粒等[23,25-30]。在此基础上研究的等离激元共振传感器已广泛应用于生物医学、光学成像、太阳能电池等各领域[31-34]。

局域表面等离激元中金属颗粒表面上的价电子会往复振荡,且这种振荡完全被局限在金属纳米颗粒表面附近,如图 1.3 所示。很多简单的单颗粒结构都能支持表面等离激元共振,如纳米球、纳米棒、纳米圆盘、纳米椭球等。除了单颗粒以外,纳米颗粒之间的耦合也会形成表面等离激元共振,并且会在一些“热点”区域形成非常高的电场增强,还有一些纳米孔结构既支持局域表面等离激元,又支持表面等离极化激元。

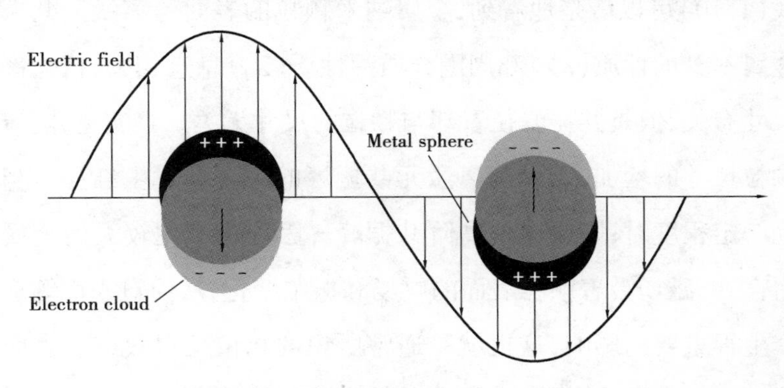


图 1.3　金属纳米颗粒表面的局域表面等离激元[20]

Fig 1.3　The localized surface plasmons of metal surface of nanoparticles.

对局域表面等离激元进行分析,通常用准静态近似法。当一个半径远小于入射光波长的各向同性金属小球处在均匀的介质中时,小球附近的电磁场可以看成是均匀的,这样可以将问题转化为金属小球处于静电

场中的情况,这种方法也称为准静态近似。因此,可利用静电场的方法得出金属颗粒极化率 $\alpha$ 的解析解,即

$$\alpha = 4\pi a^2 \frac{\varepsilon_m - \varepsilon_d}{\varepsilon_m + 2\varepsilon_d} \tag{1.8}$$

其中,$a$ 是金属小球的半径,$\varepsilon_m$ 和 $\varepsilon_d$ 分别是金属小球和它周围环境的介电常数。我们知道,极化率 $\alpha$ 与$\frac{\boldsymbol{E}_{loc}}{\boldsymbol{E}_{in}}$($\boldsymbol{E}_{loc}$ 为局域电场,$\boldsymbol{E}_{in}$ 为入射电场)成正比,因此当

$$Re[\varepsilon_m] = -2\varepsilon_d \tag{1.9}$$

时,公式(1.8)中的分母为零,金属表面的局域电场增强就达到无限大,金属颗粒达到共振状态。根据 $\varepsilon_m = 1 - \omega_p^2/\omega^2$,可得到表面等离激元的共振频率为:

$$\omega_{spr} = \frac{\omega_p}{\sqrt{1 + 2\varepsilon_d}} \tag{1.10}$$

由公式(1.10)可以清楚地看到,金属纳米颗粒的表面等离激元共振峰位置与金属本身的性质($\varepsilon_m$)和周围介质的性质($\varepsilon_d$)息息相关,极化率与颗粒的尺寸有关,但是共振峰位置却与颗粒的尺寸无关。事实上,随着金属纳米颗粒尺寸的增加,表面等离激元共振峰的位置会发生红移。当尺寸增加到一定程度时,则会出现高阶共振峰。因为对于比较大的金属纳米颗粒而言,电磁场沿着颗粒表面的电场和振幅变化,从而对表面等离激元共振产生很重要的影响,这也就是通常所说的相位延迟效应。表面等离激元特性不仅与尺寸有关,还与金属纳米颗粒的形状有关。在表面等离激元共振峰处,颗粒可以聚集周围电磁场的能量,使其附近的电场得到极大的增强,同时又将这些能量辐射到远场。因此,如果将分子置于纳米颗粒附近,这种近场增强就可以大大地增强分子的光学信号,文中讨论的分子手性信号增强就是其中的一种。

## 1.3　表面等离激元纳米结构的制备方法

表面等离激元微纳结构材料的制备一般分为两种:“自上而下”和“自下而上”。常用的“自上而下”的方法有电子束刻蚀、离子束刻蚀和激光直接写入法等[35-37]。“自上而下”的方法非常好控制,但是这种方法只能在非常小的范围内制作纳米结构,制作时间慢,花费高。电子束刻蚀能够提供很高的分辨率,能够制作刻度为10 nm左右的纳米结构,且可重复性很高。离子束刻蚀可用来处理平面膜结构,如用来制作周期阵列的纳米孔结构,制作能够传播表面等离激元的沟槽结构等。而最简单的制作大面积纳米周期结构的方法是光学刻蚀,但是这种方法一般只使用比较简单的周期结构。最便宜和最常用的纳米结构制作方法是纳米球刻蚀技术,利用聚合物或者硅纳米小球,可以制作一些周期性的金属颗粒或者纳米孔结构。而典型的“自下而上”方法包括胶体自组装和电化学沉积等。胶体自组装方法是目前公认的最有效的“自下而上”的方法[38-40]。人们模仿原子组成分子的理念,把金属纳米颗粒作为组装激元,通过自组装成为一维、二维、三维到更加长程有序的自组装结构。相对而言,胶体自组装方法具有更简便、制造结构多样性等优点,在物理、化学、生物、材料、医学等领域有广泛的应用,而且越来越受到人们的重视。目前,人们以形状各异的金属纳米颗粒为组装激元,通过自组装方法构建人工微/纳结构器件,展现出巨大的应用前景。

## 1.4 表面等离激元的仿真计算方法

表面等离激元的电磁场的仿真计算方法有很多,大致可分为3类,即解析法、半解析法以及数值计算法[41]。

当考虑的问题可以看成是无限大的均匀空间、无限大的单层和多层界面或无限大的柱体和球体等时,通常可以通过解析的方法进行求解。其中,对于球形体系我们常用 Mie 理论进行解析分析,通常又称其为 Lurenzi-Mie 理论,是由 Mie 在 1908 年首次推导出的。传统的 Mie 理论只适用于均匀介质中的单个球形体系。推广后广义的 Mie 理论则可以应用于高斯光入射、多个球体、多层同心球体、椭球体及具有各向异性的散射体等。Mie 理论是从 Maxwell 方程组出发,对球状物体的空间电磁场散射给出解析解。其主要方法是通过将入射光和散射光按横电波和横磁波的球谐函数展开,然后利用边界条件求解方程,由此获得球颗粒散射场的解析解。在此基础上进一步得到空间电磁场的分布,以及颗粒的散射谱、吸收谱和消光谱等。因此,Mie 理论已被广泛应用于计算各种形状和尺寸的球形颗粒的电磁场散射问题。虽然 Mie 理论是由单个球形颗粒推导而来的,对于相隔距离比入射波长大的多个球组成的复杂系统同样适用。而对于相隔较近的多球体系,现在可通过广义的 Mie 理论计算。广义的 Mie 理论虽然被人们扩展到椭球体系,但它还是只能对这两种规则形状的球体进行计算,因此,它的使用范围仍有很大的局限性。但与其他方法相比,Mie 理论可以快速、精确地给出计算结果,因此,常用 Mie 理论对一些新的计算方法的精确度和可靠性进行验证。

半解析法是结合解析法和数值法进行求解,这种方法既用到了解析表达又用到了离散化的数值运算,常用的有格林函数法、多重多极子展开法、转移矩阵法等。其中,格林函数法又被称为格林张量法、动态格林函数法(Green Dyadic Method,GDM)。其主要适用于计算那些均匀介质或界面处形状可以任意的物体的电磁场散射问题,在计算的过程中介质的作用已经被包括在背景格林函数里,只需对散射物体进行离散化,就能有效地提高计算效率。

离散偶极近似法(Discrete Dipole Approximation,DDA)原则上可以计算任意形状结构的空间电磁分布、吸收谱和散射谱等。这种计算方法是首先将体系分解成 $N$ 个单元,然后在光场诱导下,把每个单元发生的极化都视为偶极子,而每个单元所产生的电场又会进一步影响相邻的单元,因此,对整个体系进行自洽计算就可得到材料的光学性质。但当结构体系比较复杂时,离散偶极近似法的计算量会呈指数增长,从而导致无法继续计算。同时,由于此方法是对基本单元的偶极子近似,所以 DDA 方法不适用于处理一些特殊问题。

数值法则是将需要计算的散射物体离散化为许多的网格点,然后通过差分来代替微分的方法求解 Maxwell 方程组。时域有限差分方法(Finite-Difference Time-Domain, FDTD)和有限元(Finite Element Method, FEM)是目前应用得最广的数值计算方法。目前,许多商业公司基于 FDTD 与 FEM 成功地开发出许多功能强大的软件包,如 FDTD 比较常用的是 FDTD Solutions,由加拿大 Lumerical Solutions 公司开发,这也是目前比较主流的电磁数值模拟软件;FEM 中比较常用的则是 COMSOL Multiphysics,由瑞典 COMSOL 公司开发,在 COMSOL 软件里的 RF 模块、Wave optical 模块可以对射频、微波、光或者其他高频器件的电磁场进行模拟。

FDTD 是将研究的体系离散为足够多的立方格子(也称作 Yee 元

胞),每一个元胞上的电场、磁场分量随时间的变化都可以利用相邻元胞的电场、磁场及其随空间的变化来表示。当 Yee 元胞取得足够小时,各元胞间的差分形式可以代替 Maxwell 方程中的微分形式来进行等效求解。当边界条件和初始时刻空间场分布已知的情况下,就可以利用递推的办法计算求得任意时刻空间的电磁场分布。

有限元法(FEM)是模拟电磁场的主要方法之一,有限元方法的基础是变分原理和加权余量法,它的基本思路是将待解区域离散成有限个不相互重叠的元素,在每个元素内选择一些合适的节点作为插值,然后把待求的偏微分方程中的因变量改写成依据节点上的值的插值函数组成的线性方程组,即所谓的刚度矩阵,从而可以通过适当的数值方法求解得到所需的解。对于一维有限元法,离散的单元是一些线段;二维的一般为三角形或者矩形区域;而对于三维情况则一般为四面体或者长方体,这个把求解域离散为有限个单元的过程在模拟软件中一般称为划分网格,而求解精度则与网格的大小有直接的关系,但是网格细化达到一定程度时对于结果一般影响可以忽略,且网格越小计算资源也会越多,所以网格的选取需要认真考虑。但是对于特别关心的区域,网格一般需要单独处理以得到较为准确的结果。有限元法适合处理复杂区域,精度可以根据需要来调节,缺点在于需要的计算机资源较多。

本书中的数值模拟采用有限元分析法,主要应用 COMSOL Multiphysics 软件中的 RF 模块。在模拟过程中针对不同区域采用不同的网格大小,但最大网格小于波长的 1/6,为了尽可能地减小外部边界的散射,在空间的最外层采用了完美匹配层。散射截面是通过对金属纳米颗粒附近的闭合曲面的能流积分计算所得,吸收截面通过对纳米颗粒的欧姆热损耗积分所得,而消光截面等于吸收截面加上散射截面。

# 第2章 手性光学的基本理论

## 2.1 手性的基本概念

手性(Chirality)是自然界中的一种特别迷人的现象。手性分子是指在三维空间中分子的两个镜像通过旋转或平移不能完全重合,手性分子的镜像也被称为对映体[34]。无论是宏观世界的人类手脚、蜗牛、海螺,还是微观世界的DNA、糖类、氨基酸等,手性结构遍及生命化学等现代科学研究的各个领域。具有不同构型的手性药物对于地球上大部分生物而言其生理活性和毒性都有着很大的区别。20世纪60年代,"反应停"所引起的大规模婴儿致畸事件就是因为该药物对S构型分子具有强烈致畸作用,正是这一事件引起人们对手性生物制品的广泛重视。因此对手性问题的深入研究成了生命科学、有机化学、药物化学以及高分子材料和无机化学、物理学等领域的研究热点[42]。同时,利用手性信号作为检测信号具有操作简单、快速、无污染等优点,可有效地应用于食品、医药、生物等领域的超灵敏痕量检测,这为进一步提高食品和药物等安全提供了可靠的技术支持[43-49]。

手性在生活中随处可见,因此人们很早就关注到手性问题,对手性的最早研究可以追溯到19世纪初,起源于对手性分子的研究[50]。1811年,Arago最早观察通过沿着两个交叉偏振片中间的石英晶体光轴光的颜色发现旋光现象。1812年,Biot在实验中发现这个光的颜色主要由两个因素决定:一是旋光性,即线偏光的偏振面的旋转;二是旋光色散,即不同波长的光的偏振面旋转的角度不同。Biot还在实验中发现通过石英晶体的光线的偏振面沿相反的方向旋转。随后,Biot研究发现沿石英晶体通过固定路径的旋转角度$\alpha$与入射光波的波长的平方成反比。通过更多的实验数据Drude在1902年得出旋转角的公式($\alpha = \sum_j A_j/(\lambda^2 - \lambda_j^2)$,其中$A_j$为与波长在可见光和近紫外光波段的吸收成比例的常数)代替了Biot的平方反比定律,现代的分子旋光理论证明以上等式对透射光仍然成立。1815年,Biot发现了一些有机液体(如松节油)也具有旋光现象,同样的在樟脑的酒精溶液、糖的水溶液和酒石酸里都发现了旋光现象,酒石酸的旋光现象是在1832年报道的(Lowry,1935)。值得注意的是,这些液体的旋光性是属于单个分子的,甚至随便在分子的哪个方向都能观察到。然而石英晶体是有一定的晶体结构而不是一个个单独的分子,因此,融化的石英晶体不具有光学活性。随着不断地研究,最终人们发现光学活性来源于具有手性的分子或与自己的镜像不能重合的非对称的晶体结构。值得注意的是,并非所有的手性分子都具有旋光性,比如烷烃类的5-乙基-5-丙基十一烷、4-乙基烷等,虽然它们的结构是手性的,但是没有旋光性。手性分子的光学活性主要源于手性物质中存在螺旋结构,螺旋结构才是导致旋光性的根本原因。根据研究发现,当平面偏振光穿过手性分子时,分子本身和分子中的原子因为质量较大,所以不可能随着光的电磁场的迅速振动而振动。而分子中的价电子质量很小,它们可以随着入射光波所产生的电磁场的振动而振动。当这种振动被迫沿着某种螺旋线进行时,就会沿着螺旋线产生迅速变化的诱导偶极矩,于是便产生了旋光效应。螺旋结构的手性特征体现了物质世界的不对称性,是整个宇宙中一种具有代表性的结构对称性。因此,了解具有手性结构的物质形成,控制其形貌,探索其独特的物理性质在理论和应用方面都具有重要的学术价值,对了解宇宙和生命的本质有着重要的意义。

在近两个世纪以来,人们对手性材料的研究多数是针对有机分子和生命化合物的,作为有机化学领域重要的一部分,已经有了相当成熟的研究和合成手段,然而自然界手性分子对入射光的响应非常弱且其响应波段局限于紫外光波段,这就极大地限制了它的有效应用。因此如何有效地通过人工材料来获得强烈的手性响应,成了人们研究的重点。近年来,研究发现表面等离激元金属纳米颗粒通过表面等离共振可以有效地增强手性信号,因此以贵金属(金、银、铂)为主的金属纳米结构的手性研究引起了人们极大的兴趣[51-55],主要表现在以下几个方面:

①在一些纳米结构中可以获得比分子系统更强烈的光学活性,这些光学活性可以引起很多有趣的光学响应,比如负折射效应。

②人们已经可以通过条件控制合成对称性纳米结构,如立方体、圆柱体或螺旋形结构等,从而通过不同的结构来获得不同的手性响应。

③大量关于分子和纳米颗粒的相互作用研究以及它们的一致性。

在 2.3 节中,将对基于表面等离激元共振的手性响应的发展及研究状况进行详细讨论。

## 2.2 手性的光学表征

在对手性物质的研究中,如何有效地表征手性信号是我们首先要解决的问题。我们知道,光是一种电磁波,其电矢量相对于光的传播方向以固定的方式振动,因此称为偏振光。根据电矢量末端在光的传播过程中所形成的轨迹不同,又分为线偏振光(Linearly Polarized Light, LPL)和圆偏振光(Circularly Polarized Light, CPL)。而圆偏振光可以由频率相同、传播方向相同且偏振面相互垂直的两个线偏振光叠加而成。对着光源方向看,电矢量沿着顺时针转动的光称为右旋圆偏振光(Right Polarized Light, RCP),电矢量沿着逆时针方向转动的光则称为左旋圆偏振光(Left Polarized Light, LCP)。具有光学活性的手性分子对左旋偏振光和右旋偏振光具有不同的吸收特性,因此,左、右旋偏振光经过样品后就变成了椭圆偏振光,这种现象被称为圆二色性。菲涅尔曾对圆二色性作出如下解释:因为线偏振光可以看成是左旋偏振光和右旋偏振光叠加而成的,当一束线偏光经过具有光学活性的手性系统时,由于手性分子对两种偏振光的吸收不同,导致两种偏振光在手性系统中具有不同的折射率,经过系统之后的两种偏振光之间就有一定的附加相位差,这就使出射的合成线偏光的偏振面发生了旋转。此外,旋光物质对一些特定波长的光有吸收作用,因此左右旋偏振光在通过晶体后会有不同程度的能量损失。这些作用相互影响,使得合成的偏振光变为椭圆偏振光,从而产生圆二色性,如图 2.1 所示。

圆二色性是研究分子立体构象的有力手段,其表示方法有多种,通常情况下,人们定义圆二色性为[57]:

$$CD = A_L - A_R \tag{2.1}$$

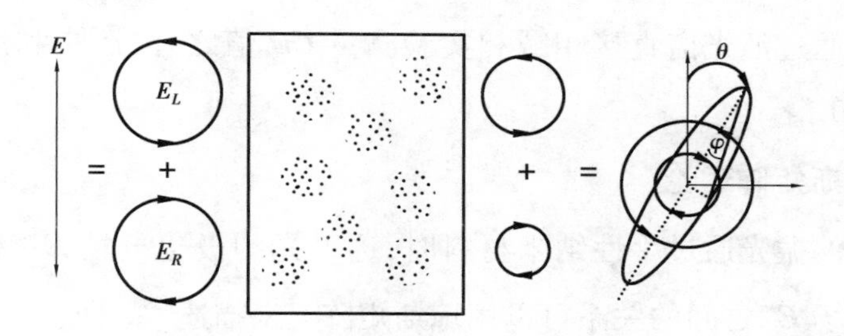


图2.1 线偏光经过手性系统后变成椭圆偏振光的示意图[56]

Fig 2.1 The schematic of circular dichroism phenomenon, the circularly polarized light are absorbed different by chiral nanoparticles, and resulting in elliptical polarized beam.

其中,$A_L$ 和 $A_R$ 分别为左旋偏振光和右旋偏振光入射时的吸收截面。由于历史的原因,人们在测量 *CD* 值时通常用椭圆率来表示,椭圆率和 *CD* 值之间的关系为:

$$\theta(mdeg) = 3\,300(A_L - A_R) \tag{2.2}$$

类比 Lambert 和 Beer 定理,定义摩尔椭圆率为:

$$\Delta\varepsilon = \varepsilon_L - \varepsilon_R = \frac{CD}{c \cdot b} \tag{2.3}$$

其中,$c$ 为样品的摩尔浓度,$b$ 为样品的厚度,$\varepsilon_L$ 和 $\varepsilon_R$ 分别为介质对左旋偏振光和右旋偏振光的摩尔消光系数。

人们常用的还有一个无量纲的量——各相异性因子或非对称因子 $g$(Kuhn,1930)来描述物质的手性,其定义为:

$$g = \frac{\Delta\varepsilon}{\varepsilon} = \frac{A_L - A_R}{\frac{1}{2}(A_L + A_R)} \tag{2.4}$$

由式(2.4)可知,$g$ 与样品的浓度和传播长度无关。

圆二色光谱仪是20世纪60年代发展起来的表征物质光学活性的技术,因此,圆二色谱可以通过圆二色光谱仪进行测量,它对物质体系的扰动的灵敏度非常高,所以被广泛应用于超手性分子的手性研究中。同时,还可利用CD光谱监测形成手性超分子的自组装过程[58]。

除了通过消光谱直接相减和实验测量 *CD* 值之外，还常利用以下方法计算 CD 谱。

1）**琼斯矩阵理论**

当圆偏振光通过手性纳米材料时，透射光的极化电场 $\boldsymbol{E}^{\text{out}}$ 和入射光的极化电场 $\boldsymbol{E}^{in}$ 之间的关系可以用琼斯矩阵 $t_{ij}$ 来描述[59]，即

$$\boldsymbol{E}_j^{\text{out}} = t_{ij}\boldsymbol{E}_i^{\text{in}} = \begin{pmatrix} t_{++} & t_{+-} \\ t_{-+} & t_{--} \end{pmatrix} \boldsymbol{E}_i^{in} \tag{2.5}$$

式(2.5)中，下标 $i$ 和 $j$ 分别与左旋偏振光（LCP，－）和右旋偏振光（LCP，＋）相对应。当电磁波通过手性介质后，$t_{++}$ 和 $t_{--}$ 通常不相等，则显示出旋光现象。而圆二色性（CD）可由下列公式计算为：

$$\Delta = |t_{++}|^2 - |t_{--}|^2 \tag{2.6}$$

对应的圆双折射（circular birefringence）为：

$$\delta\varphi = \arg(t_{++}) - \arg(t_{--}) \tag{2.7}$$

因此，表面等离激元手性的 *CD* 值可通过式(2.6)进行计算。

2）**电磁耦合理论**

在手性分子模型中，人们把手性响应归根于电偶极子和磁偶极子的相互作用。根据手性分子理论，对于分子周围的非平面波所产生的电磁场，其非对称程度由局域的电磁场所决定。能量、动量和角动量是与电磁场密切相关的 3 个双线性密度，它们分别为标量、矢量和伪向量。对于手性相互作用的描述需要一个时变伪向量，Lipkin 引入了量值[60]，即

$$C = \frac{\varepsilon_0}{2}\boldsymbol{E} \cdot \nabla \times \boldsymbol{E} + \frac{1}{2\mu_0}\boldsymbol{B} \cdot \nabla \times \boldsymbol{B} \tag{2.8}$$

其中，$\varepsilon_0$ 和 $\mu_0$ 分别为真空中的介电常数和磁导率，$\boldsymbol{E}$ 和 $\boldsymbol{B}$ 分别为局域电场和磁场。在手性场中，中心轴被场线性包围，但仍有轴向分量，故称 $C$ 为光学手性。

当手性分子在单色电磁波的作用下将产生电偶极矩和磁偶极矩：

$$\tilde{\boldsymbol{p}_e} = \tilde{\alpha}\tilde{\boldsymbol{E}} - i\tilde{G}\tilde{\boldsymbol{B}},\tilde{\boldsymbol{p}_m} = \tilde{\chi}\tilde{\boldsymbol{B}} + i\tilde{G}\tilde{\boldsymbol{E}} \tag{2.9}$$

这里 $\tilde{\alpha} = \alpha' + i\alpha''$是电极化率,$\tilde{\chi} = \chi' + i\chi''$为磁导率,$\boldsymbol{E}$ 和 $\boldsymbol{B}$ 是金属微粒的局域场。$\tilde{G} = G' + iG''$,是各向相同性的混合电磁偶极极化率。

在大多数单色电磁场中,电场和磁场描述为椭圆形的,相互之间有一定的相位和不同的方向。可用如下表达式描述这种互换场:

$$\tilde{\boldsymbol{E}}(t) = \pm \tilde{\boldsymbol{E}}_0 e^{-i\omega t},\tilde{\boldsymbol{B}}(t) = \pm \tilde{\boldsymbol{B}}_0 e^{-i\omega t} \tag{2.10}$$

其中,$\tilde{\boldsymbol{E}}(t)$ 和 $\tilde{\boldsymbol{B}}(t)$ 的实部对应实际的物理场,$\tilde{\boldsymbol{E}}_0$ 和 $\tilde{\boldsymbol{B}}_0$ 是任意的复矢量。则手性分子的消光截面可表示为:

$$A^{\pm} = \frac{\omega}{2}Im(\tilde{\boldsymbol{E}}^* \cdot \tilde{\boldsymbol{p}_e} + \tilde{\boldsymbol{B}}^* \cdot \tilde{\boldsymbol{p}_m}) = \frac{\omega}{2}(\alpha''|\tilde{\boldsymbol{E}}|^2 + \chi''|\tilde{\boldsymbol{B}}|^2) + G''^{\pm}\ \omega Im(\tilde{\boldsymbol{E}}^{\pm *} \cdot \tilde{\boldsymbol{B}}^{\pm}) \tag{2.11}$$

其中,$\chi$ 在大部分分子中小到可以忽略,因此在这里可以忽略不计。其中的“+”和“-”分别对应左偏振光和右偏振光激发时对应的消光截面。

结合式(2.8)和式(2.11),圆二向色谱可由消光差值得:

$$\Delta A = G''^{+}\ C^{+} - G''^{-}\ C^{-} \tag{2.12}$$

根据等式(2.8)有:

$$C = -\frac{\varepsilon_0\omega}{2}Im(\tilde{\boldsymbol{E}}^* \cdot \tilde{\boldsymbol{B}}) \tag{2.13}$$

## 2.3 表面等离激元手性的研究概况

表面等离激元手性因为其能利用表面等离激元共振增强效应将自然界微弱的手性信号有效放大从而备受研究者们的青睐,但其研究历史并不长。自从 Kawamura 等在 1993 年提出手性磁体(chiral magnets)的概念,并将手性的概念引入物理学中以来[61],手性的概念才在物理学界得到了广泛的关注[62-64]。但表面等离激元手性光学的研究起源于2000年Schaaff和Whetten发现金-谷胱甘肽纳米簇化合物的手性特征的研究[65],他们在文中提出了3种可能的机理来解释实验中电子转移时产生的CD响应:

①金属内部原子自身固有的手性排列由于与手性配体相互作用导致形成某种对映体过量的情况,从而使整体显示手性。

②非手性的内核与其表面的手性吸附模式相互作用而获得手性,也称为"手性印迹(chiral footprint)"。

③金属颗粒核心电子与外部分子的手性中心间直接的电子相互作用导致了CD信号的产生。虽然后来大量的关于金-硫醇盐纳米簇化合物的理论和实验证实该手性信号的产生是由于强硫金键迫使金簇的表面原子扭曲成手性排列,从而影响团簇的电子态而产生CD响应,但这一实验结果不仅证明存在一种新颖的光学活性材料,更重要的是说明了手性响应存在于纳米尺度的物质中,从而带动了金属纳米材料手性的研究热潮。从那以后,Dolamic等人受此研究的启发,通过实验研究发现具有固有手性的$Au_{38}$团簇(包覆非手性巯基基团)的存在,证明了手性原子结构可以存在于高度对称的块状晶体材料中[66]。随后,人们开展了大量的理论和实验研究。

### 2.3.1 表面等离激元手性结构的分类及响应机理

表面等离激元共振与金属纳米颗粒的尺寸和构型息息相关,基于表面等离激元共振的光学活性同样具有强烈的尺寸和构型依赖性,其圆二色谱可以从基于较小尺寸的近紫外波段响应扩展到较大尺度颗粒的可见/近红外区光波段响应。目前,根据金属纳米材料的结构及响应机理不

同,将表面等离激元手性金属纳米材料简单地分为以下几类:

**1)手性结构的金属纳米颗粒及其光学活性**

我们通常所说的手性结构,大多是指自身具有螺旋状结构或包括螺旋状孔道结构,这类手性金属纳米结构,通常又有三维立体结构和二维平面结构之分。从制作角度讲,这类结构可以采用"自上而下(Top-Down)"的物理制备和"自下而上(Bottom-Top)"的化学合成两种方法制成。物理合成的方法通常有聚焦离子束、电子束平板印刷术、掠射角沉积、多光子镭射和全息光刻等。人们很早就发现准二维平面结构可以产生旋光效应,2003年,Zheludev研究组通过实验研究发现,光与平面万字型(gammadions)手性纳米结构的相互作用中出现了时间反演对称破缺,研究表明,这种时间反演对称破缺来源于金属纳米结构中的万字型单元结构集体响应的横向非局域性[67,68]。2005年,Gonokami通过实验发现准两维平面手性纳米结构具有强烈的手性响应[69],同时发现在正入射的透射方向上偏振旋转达到$10^4$(°)/mm,且光从样品的前面和后面入射时旋转方向不变。2010年,Kadodwala通过"自上而下"的方法构建了左手旋和右手旋超手性万字型微纳结构(见图2.2),在这样的手性微纳结构中,存在超手性场,将对$\beta$-lactoglobulin的识别灵敏度提高了$10^6$倍[70],这些准二维手性结构通常都可采用"自上而下"的物理方法制备。三维螺旋状的金属纳米材料也是获得手性响应的一种常用方法,2009年,Gansel等通过自上而下的方法制备了金螺旋结构作为光子超材料,从而制备出宽带圆极化器[71]。2013年,Giessen等利用胶体纳米孔平板印刷术制备了大面积的螺旋坡度纳米结构(见图2.3),在750~3 000 nm实现了手性响应,其圆二向色谱值能达到13%[72]。利用化学合成方法获得的手性金属纳米材料通常包括自身形状呈螺旋状和具有螺旋孔结构两种。但一般在合成的材料中手性具有很强的随机性,产物的手性方向不能很好地控制,

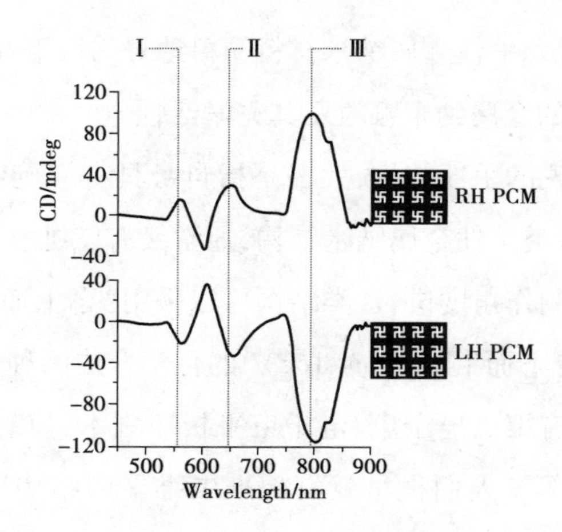


图 2.2　左手或右手旋万字型微纳结构在去离子水中时的 CD 谱，其中的Ⅰ，Ⅱ和Ⅲ3 个模式对环境折射率非常敏感[70]

Fig 2.2　The CD spectra collected from LH/RH PCMs immersed in distilled water. The three modes which show the largest sensitivity to changes in the local refractive dindex of the surrounding medium have been labeled Ⅰ, Ⅱ and Ⅲ.

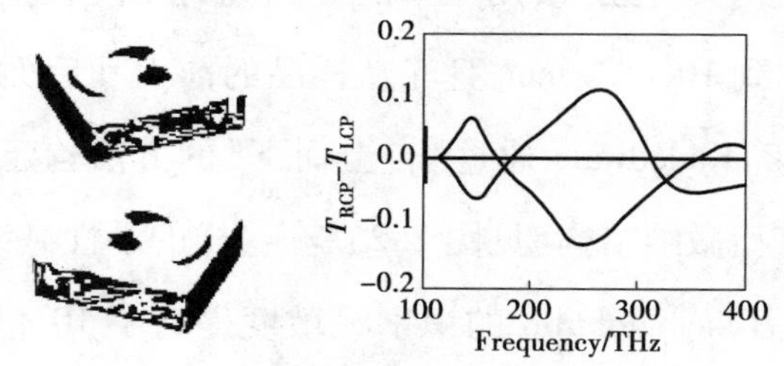


图 2.3　左右旋坡度螺旋模型及其 CD 谱[72]

Fig 2.3　The model and the transmittance difference of left-and right-handed 3D chiral structures.

常为左右手性混合，无法分离。Esposito 等在近几年来制作了多种螺旋状金属结构以获得强烈的手性响应，2015 年在离子束引导沉积的基础上，利用新型的层析成像的旋转生长法制备出三维的三重螺旋线，在较宽的带宽范围内（500 ~ 1 000 nm）获得了 37% 的高圆二色值，同时具有高的信噪比（24 dB）（见图 2.4）[73]。因此，随着纳米合成技术的发展，人们将制

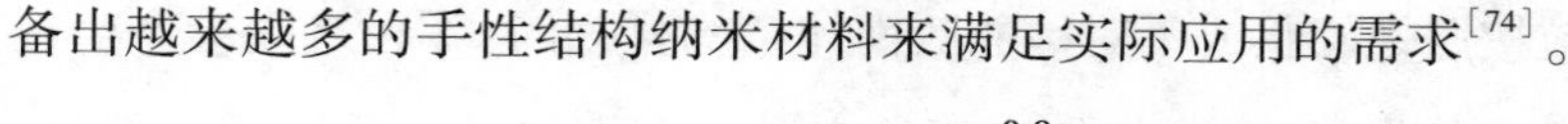

备出越来越多的手性结构纳米材料来满足实际应用的需求[74]。

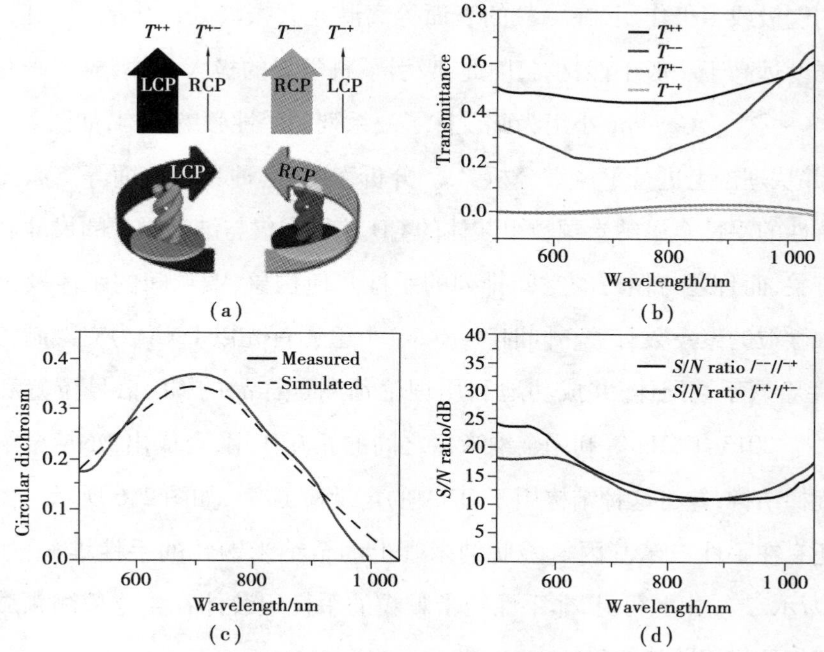


图 2.4　三重螺旋线模型的 CD 谱及信噪比

(a)在实验中的入射和透射光的圆极化手性示意图;(b)LCP 和 RCP 激发时对应的透射谱;

(c)实验测量和模拟所得的 CD 谱;(d)测量的信噪比[73]

Fig 2.4　Circular dichroism and signal-to-noise ratio.

(a) Schematic representation to indicate the handedness of incident and transmitted circular polarization in the experimental measurements.

(b) Measured transmission spectra for right circularly polarized (RCP) and left circularly polarized (LCP) incident, respectively.

(c) Measured (solid line) and simulated (dashed line) CD spectra.

(d) Measured signal-to-noise ratio.

### 2)非手性颗粒的手性纳米组装体的手性响应

随着研究的不断推进,人们发现,不仅手性材料纳米颗粒可以产生手性响应,非手性材料纳米颗粒组装成手性结构也同样可以产生手性响应。

当纳米颗粒按照螺旋状或不对称的四面体结构排列时，颗粒之间会产生很强的偶极或多极作用，在颗粒的表面等离激元共振峰处产生的手性信号，其强度远高于一般手性材料，因此，吸引了科学界的极大关注，成为研究热点之一[75-81]。Govorov 小组为此设计了一系列的手性微纳结构，如图 2.5 所示，并从理论上进行了详细分析[77]。分析表明，这种具有表面等离激元共振特性的手性金属纳米颗粒组装体的 CD 信号不仅与纳米颗粒的尺寸和形状有关，而且还与颗粒的空间排列的手性几何构象、颗粒间的距离及组装体中微粒的聚集数有关。同时，Govorov 小组还首先以 DNA 为支架制备了 DNA-金属手性配体，并成功地利用理论预测了样品的 CD 信号位置和特性[82]。2013 年，Ma 等利用金纳米棒之间的相互作用，合成出 DNA-金纳米棒旋梯结构，并将这种结构用于 DNA 的定量检测[83]，如图 2.6 所示。类似的还有在手性二苯基丙氨酸肽纳米管上的金纳米颗粒的手性堆积，如图 2.7所示[84]。由此可见，非手性纳米颗粒的手性组装体在生物检测领域有着很好的应用前景。

除了以上列举的常见的非对称四面体和螺旋形呈现出强烈的 CD 响应，纳米棒或纳米圆盘等颗粒组装成手性低聚物同样呈现 CD 响应，如两个纳米棒错位放置[85]或纳米盘的双重旋转放置等[86-88]。这些非手性粒子的手性组装体的手性光学信号可通过计算进行一定的预测。根据已有的研究结果有以下一些规律：

①当手性多聚体出现缺陷时，手性响应会有所减弱。

②凡是具有螺旋状或有螺旋趋势的非手性颗粒的多聚体都有产生手性响应的可能。

③当螺旋多聚体的颗粒数目发生变化时，有可能对于一些特性数目粒子的螺旋体，出现非常稳定的 CD 响应。

④相对而言，使用椭球形的粒子比球形粒子的光学活性要强。

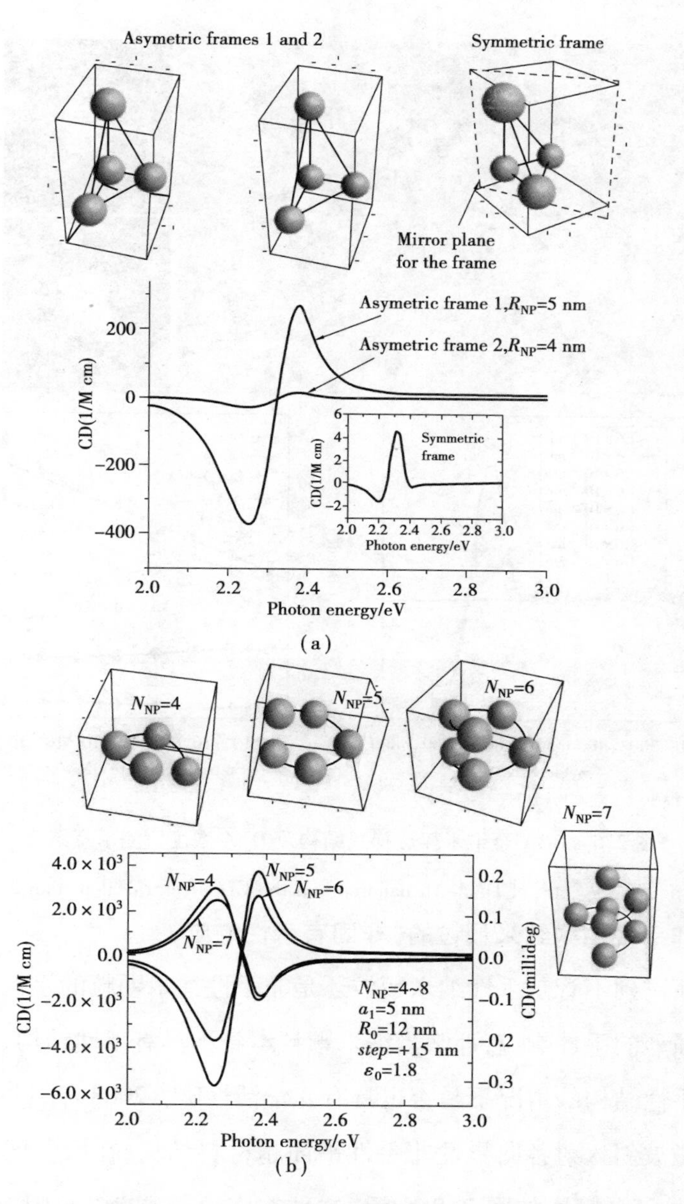


图2.5　(a)金纳米颗粒的金字塔形组装体模型;(b)螺旋手性组装体模型及其表面等离激元CD的理论计算谱[77]

Fig 2.5　(a) Models of chiral NP pyramids and the calculated CD spectra. (b) Models of helix complexes and the calculated CD spectra.

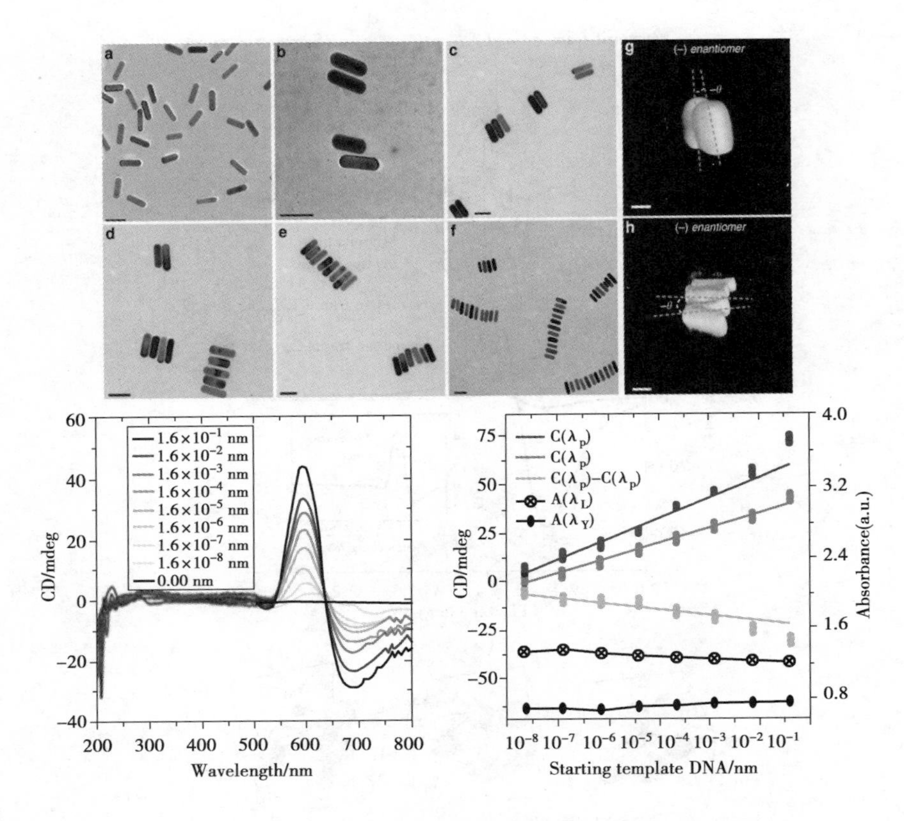


图 2.6　DNA-金纳米棒旋梯式结构及 DNA 浓度监测示意图[83]

Fig 2.6　The spectra of DNA-Au nanorod and the CD spectra of detection for DNA.

**3)非手性结构纳米颗粒的"非固有手性响应"**

前面讲到不管是手性纳米颗粒还是非手性纳米颗粒的手性组装体都会产生强烈的手性响应,那么当纳米颗粒本身不具有手性结构,组装体也不具有手性结构的情况下是否也具有光学活性呢? 2008 年,Plum 等首次利用电磁波斜入射各向异性非手性平面超材料结构,在微波区域观察到了强烈的 CD 信号,如图 2.8 所示,这种响应也被称为"非固有手性"响应[89]。Plum 等通过和传统的 3D 手性分子的光学活性类比,把入射光激发下的金属纳米颗粒等效为一个电偶极模式和一个磁偶极模式,定性解释了这种非手性结构产生手性响应的原理。紧接着,人们在可见光波和

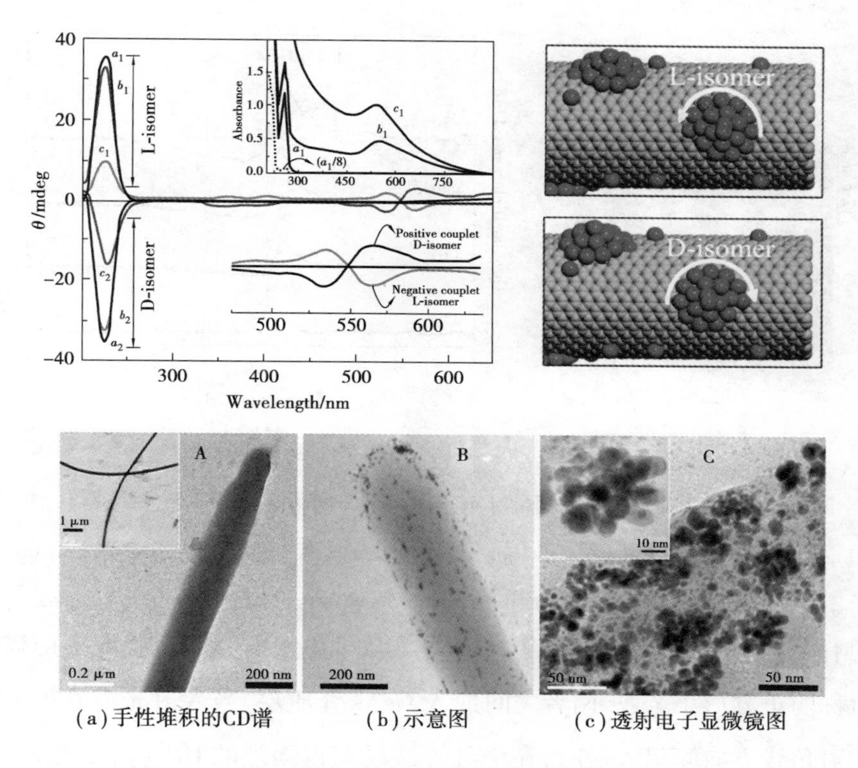


(a)手性堆积的CD谱　　(b)示意图　　(c)透射电子显微镜图

图2.7　手性二苯基丙氨酸肽纳米管上的金纳米颗粒[84]

Fig 2.7　Au nanoparticles accumulate on chiral Diphenyl alanine peptide nanotube The CD spectra (a), The schematic (b) and TEM (c).

近红外光波段发现了非固有手性响应。2009年,Plum等人发现对于非手性的超构材料,可通过光的斜入射激发其光学活性,并根据理论和实验分析总结出非手性结构具有光学活性的几个基本条件:

①结构单元本身没有反演中心;

②在垂直于入射光传播方向的平面不存在反射对称性;

③沿着传播的方向没有反演和镜面旋转轴,即沿着光传播方向的金属结构是非对称的;

④包含传播方向的任何平面都没有反射对称性。

根据以上原理,研究者们从理论到实验设计了各种纳米结构获得非

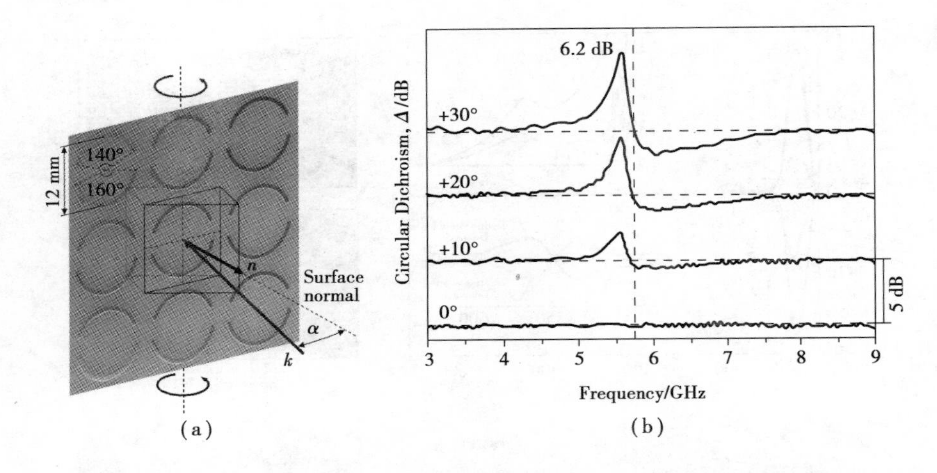


图 2.8　(a)入射光斜入射非对称环示意图;(b)不同角度入射时所对应的 CD 谱[89]

Fig 2.8　(a) Schematic representation of an asymmetry nanoring with tilting illumination. (b) The CD spectra of the non-chiral planar metamaterial with different tilt angles.

固有手性响应[16, 90]。2014 年,Cao 等人从理论上研究了金膜上周期排列对称的正方形小金块,两者之间加入 GaAs 介质层,当入射光沿着小方块的对角线方向倾斜入射时,在中红外波段获得强烈的 CD 响应,如图 2.9 所示[91]。Lu 等在非手性单个表面等离激元共振结构中获得了 CD 信号[92];Kato 等在实验中发现单根碳纳米管也可产生非固有旋光响应,这意味着非固有手性信号足以用来检测单分子材料[93];Tian 等在研究中还发现利用非对称的纳米米二聚体,在光的斜入射激发下,由于颗粒之间的强耦合效应,可以获得多阶 Fano 共振及 CD 响应。在分析中发现,Fano 共振对 CD 有增强作用,且在一些共振峰处发现单手性特征,如图 2.10 所示[94]。这些非手性的纳米结构简单,制作方便,且有强烈的远场 CD 响应和近场增加效应,因此引起人们的广泛关注。

**4)手性分子诱导非手性金属纳米结构的手性响应**

1966 年,Bosnich 曾报道当手性分子与非手性分子相连时,非手性分子会在手性分子的诱导下在非手性分子的吸收峰处形成新的 CD 信

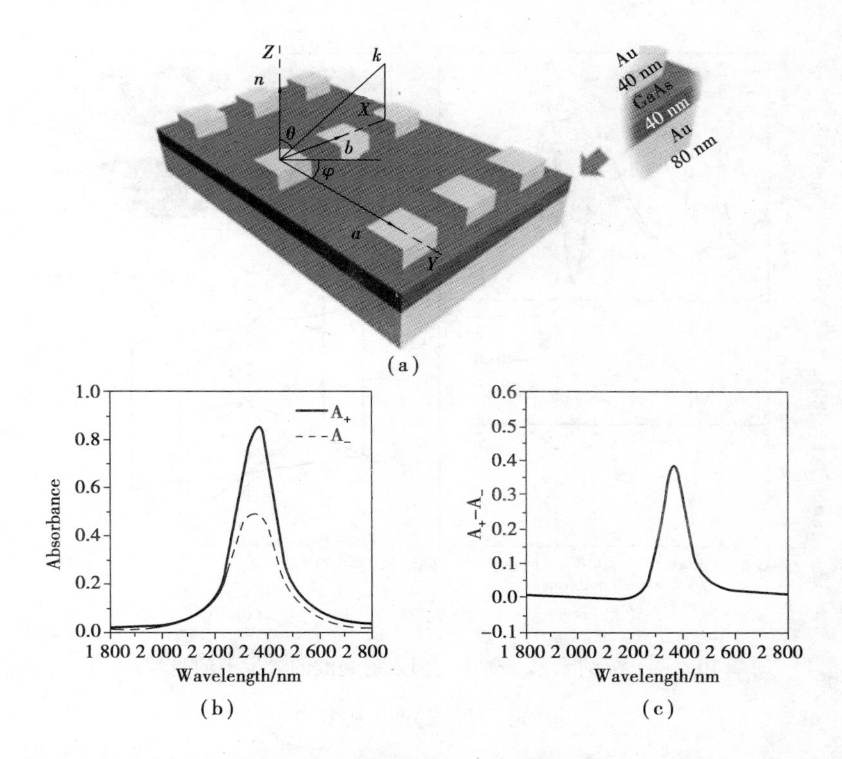


图2.9 (a)金属-介质-金属结构示意图及平面波倾斜入射 Au 方块阵列；

(b)LCP 和 RCP 以 $\theta=\varphi=\pi/4$ 入射时对应的吸收谱；

(c)LCP 和 RCP 以 $\theta=\varphi=\pi/4$ 入射时对应的消光谱[91]

Fig 2.9 (a)Schematic of the MDM-MPAs. A plane wave is incident on the surface of the Au square array.

(b)The absorb spectra of MDM-MPAs with LCP and RCP incident at $\theta=\varphi=\pi/4$.

(c)The extinction spectra of MDM-MPAs with LCP and RCP incident at $\theta=\varphi=\pi/4$.

号[42]。最近的研究表明，当手性分子吸附在金属纳米颗粒上时，在金属纳米颗粒的表面等离激元共振峰位上也会产生新的 CD 信号。关于相关的响应机制人们提出了几种可能的解释：

①对于纳米颗粒尺寸远小于波长的情况，可通过偶极子-偶极子或多极子之间的相互作用来解释(近场等离子激发 CD)；

②对于纳米颗粒尺寸与波长相当的情况，在电磁耦合过程中必须考

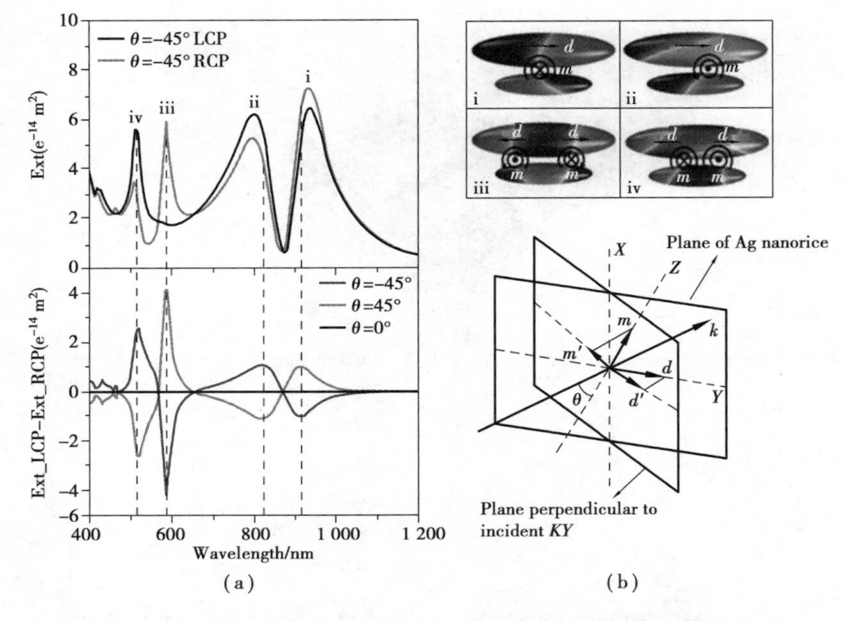


图 2.10 (a)Ag 纳米米二聚体的斜入射光波的激发下的光学活性;

(b)光学活性的产生机制[94]

Fig 2.10 (a) Optical activity of the Ag nanorice heterodimer

generated under oblique incidence.

(b) Generation mechanism of the optical activity.

虑迟滞效应(远场等离子激发 CD);

③局域场增加 CD 响应。

2012 年,Maoz 等在实验中通过金纳米颗粒证明了近场(偶极子)机制。在这个工作中,还研究了金属颗粒与手性分子之间的间距对 CD 响应的影响,如图 2.11 所示[95]。2011 年,Nadia 等[96]通过手性染料分子在可见光区域观察到了表面等离激元 CD 响应,这种分子 CD 诱导表面等离激元 CD 可以解释为手性分子和金属粒子间相互作用时空间介电常数的改变所致。而当手性分子处于金属纳米颗粒二聚体的热点区域时,由于表面等离激元的局域增强效应,使手性分子与金属粒子间的相互作用加强,可将热点区域的手性分子的 CD 响应从紫外光区域拓展到可见/近红

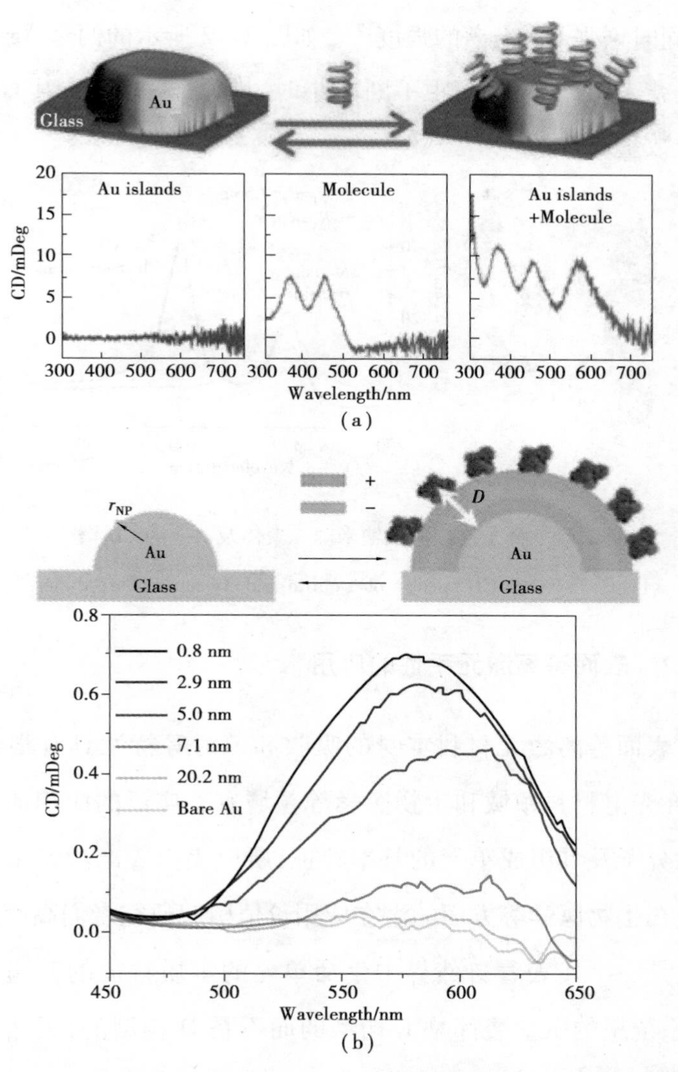


图2.11　(a)手性分子(核黄素)诱导玻璃基底上的金纳米颗粒产生CD响应实验示意图；(b)金纳米颗粒与手性分子间距不同时对应的CD响应[95]

Fig 2.11　(a) A scheme of the experiment on plasmonic CD induction by bringing chiral molecules (riboflavin) in proximity to plasmonic gold islands deposited on a glass substrate. (b) Observation of the different induced plasmonic CD as a function of the distance between chiral molecules and gold island.

外区域,同时增强 CD 光谱的强度[97],如图 2.12 所示的两个 Ag 纳米粒子体系。研究表明,当两者间距不断减小时,耦合作用增强,其 CD 谱可以增强两个数量级。

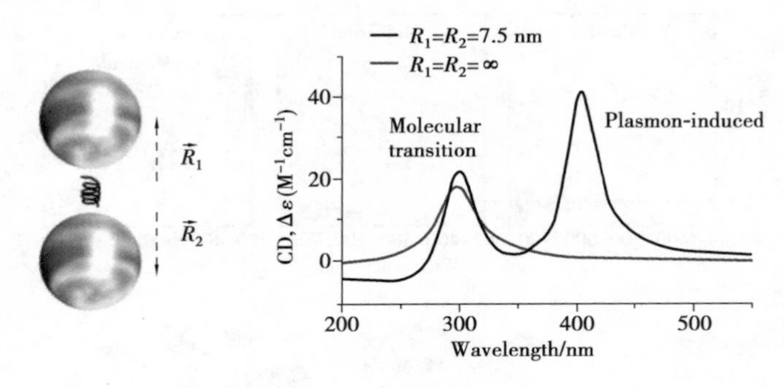


图 2.12　分子连接的银纳米球二聚体及对应的 CD 谱[97]

Fig 2.12　The CD spectra of a chiral and Ag nanosphere dimer.

### 2.3.2　表面等离激元手性的应用

由于表面等离激元材料本身的吸收和散射等特性具有很强的可控性,因此在光电材料领域和生物医学等领域有着广泛的应用前景。而手性是生物分子及其组成单元的基本特征,所以表面等离激元手性光学材料的研究在生物医学等方面的潜在应用价值引起研究者们高度关注。

手性是一个代表着自然界中生命单元的本质特征的普遍现象。例如,生物系统里的氨基酸都是 L-构型的而不是 D-构型的,天然的糖类都以 D-构型存在,不同的手性活性药物可能在生物体中的活性、效力、毒性等方面都有明显不同的药理作用。手性识别现象可以形象地用手与手套的关系来比喻:左手能套进左手套,而右手与左手套就不匹配。手性识别与分离这个命题对于化学、生物学、药学和医学的理论和实践都有着重要意义。

表面等离激元手性传感是金属纳米材料的一个重要应用。自然界的手性分子的 CD 响应主要集中在紫外区域，利用表面等离激元共振响应可以将手性生物分子的手性响应扩展到可见光和近红外区域，并且使手性生物分子的手性信号极大地增强，这就使鉴别手性分子的种类和测定微量手性分子的手性信号变得方便快捷。表面等离激元共振特性与金属纳米材料的形貌、尺度、相互间的间距息息相关，因此，可以通过调节形貌和尺寸等对不同手性分子进行“一对多”的检测。相对于传统的检测手段更加简便易行，同时 CD 光谱仪本身的精密性也保证了这种检测更为准确。目前，已有部分研究结果表明其可行性。

除了通过远场的 CD 响应对手性材料进行传感和检测外，表面等离激元超手性场的增加可以有效地增加手性分子的近场响应，从而提高手性分子的检测和标定，这已成为近年来人们关注的一个热点问题。

除了远场和近场手性传感及检测，表面等离激元手性纳米材料作为一种新型材料在生物成像、生物治疗等领域的应用也受到了人们的关注。但是这类应用涉及对金属纳米材料进行生物毒性测试，所以进展缓慢。目前已有手性青霉素分子修饰的 CdS 四角锥体通过了 NG108-15 细胞的毒性测试，进入进一步的药物实验中，因此手性金属纳米材料有望在生物制药等领域得到应用。

# 第3章

# 非固有表面等离激元手性机理的电-磁耦合分析

## 3.1 非固有手性表面等离激元手性响应

近十年来,人工纳米材料或超材料显示出强烈的光学活性而受到人们极大的关注,特别是各种能支持表面等离激元共振的金属纳米材料,因此,基于光学近场响应的表面等离激元结构有很好的应用前景[98]。目前基于表面等离激元共振的金属纳米结构,被人们当作关联和拓展自然界手性响应的最佳备选。

为了获得手性响应,研究者们设计和制备了各种手性平面结构。事实上,一个纯粹的二维非对称结构在入射光垂直入射的情况下尽管会有双折射效应,但这只会产生旋光色散效应。而手性结构如果要产生 CD 响应,应该是三维的,至少通过某些方法(如介质基底的镜像作用等)[69]

使其具有三维特性,这样它们的镜像形式才不能通过一系列的旋转或转化而完全重合。在过去几年的研究中,各种各样的表面等离激元手性结构从理论到实验上被证明具有强烈的光学活性,如螺旋线性金属纳米结构[73, 99-101]、万字型准平面结构等[102]。非手性金属纳米结构的手性聚集,形成手性构型的集合[77, 86, 103],通过粒子间的耦合也会产生CD响应。但这些手性金属纳米颗粒或非手性纳米颗粒的手性组装体通常结构比较复杂,对制备技术和工艺要求都较高。而单从直观的几何定义来看,手性响应也可以在非手性金属纳米结构中通过光线斜入射结构的对称轴来产生三维的非对称性,这也就是我们常说的非固有手性[59, 89, 91]。通过非固有手性结构获得巨大的手性响应已经在2008年被实现[89],非固有手性不仅被证明提供了一种更灵活的方法以克服复杂手性结构在制作过程中遇到的困难,同时还可能产生比手性结构更强的手性响应。2014年,Xing等在非手性单个表面等离激元共振结构中获得了强烈的CD信号[92];同年,Kato等在实验中发现单根碳纳米管也可以产生非固有旋光响应,这意味着非固有手性信号足以用来检测单分子材料[93];Tian等在研究中还发现利用非对称的纳米米在光的斜入射可以获得高阶Fano共振及CD响应,且在低阶共振峰处发现其对左旋偏光和右旋偏光的响应几乎完全不同[94]。由于非固有手性纳米颗粒结构简单、制备方便、在合成和构建过程中可更方便有效地控制等优点,近年来引起研究者们极大的关注,因此在本章中设计了一个简单的非对称的矩形劈裂环结构用以产生非固有手性响应。

明确金属纳米结构手性响应的物理机理,从而更加有效地控制和利用手性响应是研究者一直高度关注的问题。目前,关于表面等离激元手性响应的物理机理的研究还主要停留在定性或半定量阶段。有人认为,手性响应是结构的两个垂直方向的相位延迟导致的;有人将其解释为是由结构的非对称与圆偏振光的不对称引起的;有的则认为是圆偏振光在旋转方向上与共振模式的重叠所导致的;而在最近的研究中,有人定性地认为是相位的改变导致的。相对而言,大多数研究者更倾向于通过把表面等离激元结构与手性分子进行类比来理解,关于手性分子的手性响应机理已经从最根本的理论上得以证明。在手性分子模型中,人们把手性分子的手性响应归根于电偶极子和磁偶极子之间的强烈相互作用[50]。2008 年,Plum 借用这个理论来定性解释了非固有表面等离激元结构产生的手性响应[59, 89],即入射电磁场在非对称结构中引起非对称的振荡电流,此非对称的振荡电流等效为一个对称的电流加上一个反向非对称的电流,其中对称的电流等效为平行于结构平面的一个电偶极子,非对称的电流等效为垂直结构平面的一个磁偶极子,如图 3.1 所示。在垂直于入射波矢的平面上,电偶极子和磁偶极子有共线的分量,因此产生极化旋转。这只是定性地说明了非固有手性产生的原因,到目前为止,关于非固有手性结构的 CD 响应的物理机理尚没有给出明确的定量分析或相应的解析模型。

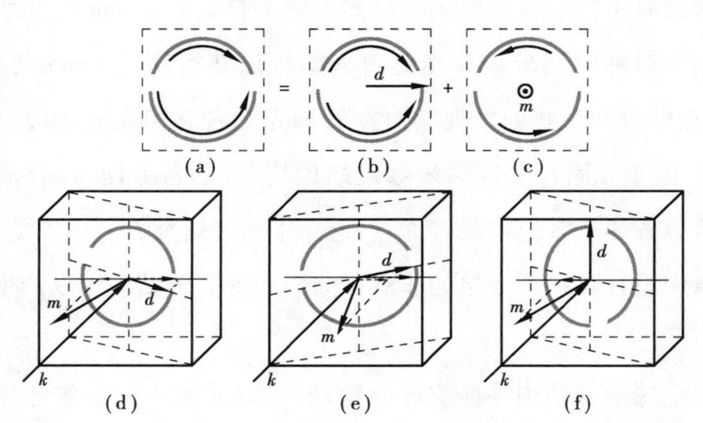


图 3.1 利用传统的手性分子模型解释对称性破缺所产生的手性响应[59]

Fig 3.1 Electric and magnetic response in an asymmetrically split wire ring.

基于目前已有的研究理论,在本章中,提出了一种解析模型,以矩形劈裂环为例,利用这种解析模型从理论上定量分析矩形劈裂环产生巨大CD响应的物理机理。通过对金属纳米结构的电偶极子和磁偶极子相互作用的分析,发现电-磁偶极模式的相互耦合是产生CD响应的根本原因。分析结果显示,劈裂环内产生的诱导圆电流相当于一个磁偶极子。而电偶极模式(或电四极模式)和磁偶极模式的杂化导致了两种模式的混合。在此基础上,对此解析模型利用有限元方法计算,所得的CD谱和消光谱差值谱(CD谱)非常吻合。最后,分析了矩形劈裂环的结构参数对表面等离激元CD响应的影响。

## 3.2　对称性破缺及耦合偶极子理论



因为对称性破缺可以产生许多独特的光学效应,所以逐渐成激元光子学的热点问题[79,104-107]。对称性破缺可以引起纳米结构表面局域电磁场的不均匀分布,还可以改变等离激元模式的基本特性。表面等离激元对称性破缺可能引起极大的局域电磁场增强,“暗态”模式的激发,表面等离激元的手性响应,表面等离激元的Fano共振等,这些独特的光学特性都可通过等离激元杂化理论定性解释[108-112]。

在表面等离激元纳米结构的设计中,对称性破缺常用两种方式来实现:一种是利用几何结构的不对称性,如文献[59]中所提到的非对称环(见图3.1);文献[94]中设计的不同大小纳米米二聚体(见图2.10)。基于此原理,本章详细研究的非对称矩形劈裂环,就是利用开环位置来调节结构的不对称性,从而获得手性响应,并在第6章中详细分析了其产生的超手性场。另一种是利用材料的不同来产生对称性破缺,如本书第5章所研究的Au-Ag纳米米二聚体,两纳米米尺寸完全相同,但材料不同。

我们知道,非手性表面等离激元结构要想获得手性响应,必须满足以下几个条件:结构没有反转中心;垂直于入射光平面没有反射对称性;沿光传播方向没有反转或镜像旋转对称性。为了满足上述条件,采用入射光倾斜入射是最简便易行的一种方法。因此,在本书的第 3 章和第 5 章中均研究利用光斜入射来获得 CD 响应。不管是基于结构还是材料产生的对称性破缺,通常在产生 CD 响应的同时都会产生 Fano 共振,本章接下来利用电-磁耦合模型对非对称矩形劈裂环的 Fano 共振和手性响应进行详细分析。

### 3.2.1 矩形劈裂环及其 CD 响应

根据对称性破缺原理设计了一个结构简单的非对称金矩形劈裂环[113, 114],如图 3.2(a)和图 3.2(b)所示,矩形劈裂环放置在 $x$-$y$ 平面,光从 $y$-$z$ 平面偏离 $z$ 轴以 $\theta$ 角入射,$\varphi$ 为入射光线在 $x$-$y$ 平面的投影与 $x$ 轴之间的夹角,这里设 $\varphi=\pi/2$,如图 3.2(b)所示。矩形劈裂环的总长和总宽均为 $l$,环的厚度为 $h$,右边的非对称臂长为 $a$,劈裂的宽度为 $d$,环本身的宽度为 $w$,如图 3.2(a)和图 3.2(b)中所标注。本章所有的计算都基于把劈裂环放入有效折射率为 1.1 的同一种介质中。数值模拟中,圆二色谱值设为左旋偏光的消光值减去右旋偏光的消光值($CD=A^{+}-A^{-}$),采用的材料参数来源于 Johnson 和 Christy[115] 的工作。为了满足非固有手性产生的条件,矩形纳米环的劈裂部分不能开在矩形环的中间,如图 3.2(a)所示,使开环后的左右两部分保持不对称状态。同时,使斜入射的入射光波矢不在结构的对称轴及法线所在平面,从而保证该结构具有强烈的 CD 响应。当左旋偏光和右旋偏光分别以 $\theta=45°$ 角斜入射矩形劈裂(结构参数分别为:$l=200$ nm,$w=40$ nm,$d=20$ nm,$h=30$ nm,$a=20$ nm)时,如图3.2(c)所示,其中虚线为 LCP 激发的消光谱,实线为 RCP 所激发

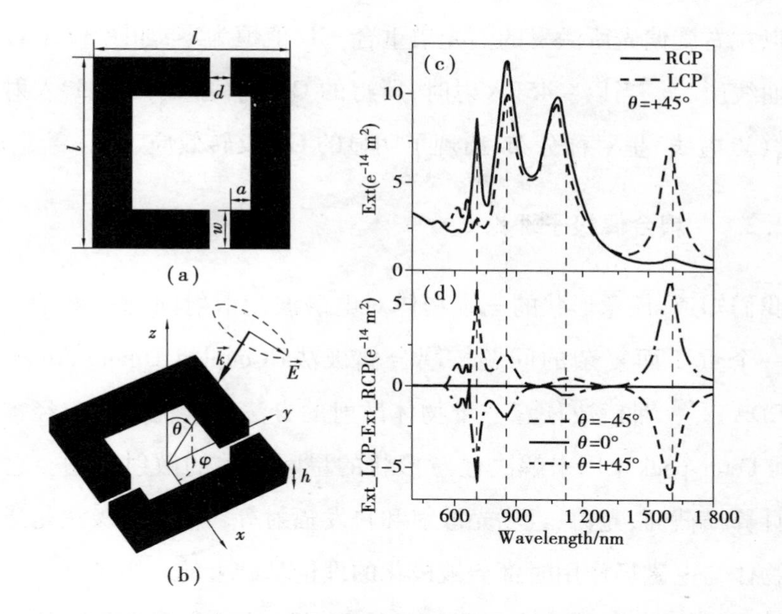


图 3.2　(a-b)矩形劈裂环的不同侧面图及相关参数;劈裂环放在 $x$-$y$ 平面,入射光如图 (b)所示方向激发,劈裂在 $x$ 轴方向;

(c)矩形劈裂环在 LCP 和 RCP 以 45°角斜入射激发下的消光谱;

(d)不同角度入射劈裂环对应的 CD 谱[148]

Fig 3.2　(a-b) Schematic representation of a nanoring labeled with structure parameters.

(a) The nanoring located in the $x$-$y$ plane, with its normal direction along $z$ axis.

(b) CPL illuminated the nanoring with angle $\theta$ in $y$-$z$ plane.

(c) Extinction spectra of the nanoring under LCP and RCP excited ($\theta = 45°$).

(d) The CD spectra of the nanoring illuminated with different angle.

的消光谱,在两个光谱中均出现了 4 个非对称峰,而且在耦合偶极峰和高能级峰处均出现了矩形劈裂环对 LCP 和对 RCP 超过 90% 的不同响应,这种巨大的响应差异在现有的报道中是极其罕见的。从图 3.2(d) 中可知,正是这种巨大的响应差异产生了强烈的 CD 效应,在对应的最高能级和最低能级处出现了两个很强的 CD 峰。图 3.2(d) 中同时给出了圆偏光以 0°和 −45°入射时的情况,当以 0°正入射时,结构具有反射对称性,因此以左右旋偏光所激发的消光谱重合,CD 值恒为零,如图 3.2(d)中的黑色曲线所示。当以 -45°入射时,所得的 CD 谱(虚线)和 45°入射时的 CD 谱(点虚线)呈对称分布,出现了明显的 CD 反转效应。

### 3.2.2 耦合偶极子理论

我们知道,任意形状的三维物体对电磁波的散射问题一直是光电子学的一个重要而复杂的问题。耦合偶极法(Coupled Dipole Approximation,CDA)是一种解决任意三维物体散射的方法。这种方法曾经被 Purcell 和 Pennypacker 用来解决任意形状的星际物体的散射问题。它曾经用来计算横截面、光力、近场光散射和自发辐射等。耦合偶极法是建立在任意物体与电磁场作用时都会被极化的理论基础上的。当考虑一个物体内部极小的体积元,则这个无限小的体积元里的极化率是相同的,因此,这个小体积元就可以用一个具有一定极化率的电偶极子来代替。任意形状和大小的物体都可以被离散,从而看成许多偶极子的集合[116]。

由电磁理论可知,电场的二阶张量格林函数$\overleftrightarrow{\boldsymbol{G}}_e(\boldsymbol{r},\boldsymbol{r}_0)$和磁场的二阶张量$\overleftrightarrow{\boldsymbol{G}}_m(\boldsymbol{r},\boldsymbol{r}_0)$都是自由空间的磁导率张量传播函数,与在空间 $\boldsymbol{r}_0$ 处的电偶极源 $\boldsymbol{p}_e$,在 $\boldsymbol{r}$ 处产生的电场 $\boldsymbol{E}$ 和磁场 $\boldsymbol{H}$ 以及磁偶极子 $\boldsymbol{p}_m$ 在空间产生的电场 $\boldsymbol{E}$ 和磁场 $\boldsymbol{H}$ 相关。

空间 $\boldsymbol{r}_0$ 处的电偶极子 $\boldsymbol{p}_e$ 在 $\boldsymbol{r}$ 处产生的电场 $\boldsymbol{E}$ 和磁场 $\boldsymbol{H}$ 可以表示为[116, 117]:

$$\boldsymbol{E}(\boldsymbol{r}) = \frac{k^2}{\varepsilon_0}\overleftrightarrow{\boldsymbol{G}}_e(\boldsymbol{r},\boldsymbol{r}_0)\boldsymbol{p}_e \tag{3.1}$$

$$\boldsymbol{H}(\boldsymbol{r}) = ck^2\overleftrightarrow{\boldsymbol{G}}_m(\boldsymbol{r},\boldsymbol{r}_0)\boldsymbol{p}_e \tag{3.2}$$

空间 $\boldsymbol{r}_0$ 处磁偶极子 $\boldsymbol{p}_m$ 在 $\boldsymbol{r}$ 处产生的电场 $\boldsymbol{E}$ 和磁场 $\boldsymbol{H}$ 可以表示为:

$$\boldsymbol{E}(\boldsymbol{r}) = -Z_0k^2\overleftrightarrow{\boldsymbol{G}}_m(\boldsymbol{r},\boldsymbol{r}_0)\boldsymbol{p}_m \tag{3.3}$$

$$\boldsymbol{H}(\boldsymbol{r}) = k^2 \overleftrightarrow{\boldsymbol{G}}_e(\boldsymbol{r},\boldsymbol{r}_0)\boldsymbol{p}_m \tag{3.4}$$

其中

$$\overleftrightarrow{\boldsymbol{G}}_e(\boldsymbol{r},\boldsymbol{r}_0) = \frac{e^{ikr}}{r}\left[(\hat{\boldsymbol{n}}\otimes\hat{\boldsymbol{n}} - \overleftrightarrow{\boldsymbol{I}}) + \frac{ikr-1}{k^2r^2}(3\cdot\hat{\boldsymbol{n}}\otimes\hat{\boldsymbol{n}} - \overleftrightarrow{\boldsymbol{I}})\right] \tag{3.5}$$

$$\overleftrightarrow{\boldsymbol{G}}_m(\boldsymbol{r},\boldsymbol{r}_0) = \frac{e^{ikr}}{r}\left(1+\frac{i}{kr}\right)(\hat{\boldsymbol{n}}\times\overleftrightarrow{\boldsymbol{I}}) \tag{3.6}$$

$$\overleftrightarrow{\boldsymbol{G}}_e(\boldsymbol{r},\boldsymbol{r}_0)\boldsymbol{p} = \frac{1}{4\pi}\frac{e^{ikr}}{r}\left\{(\hat{\boldsymbol{n}}\times\boldsymbol{p})\times\hat{\boldsymbol{n}} + \frac{ikr-1}{k^2r^2}[3\cdot\hat{\boldsymbol{n}}(\hat{\boldsymbol{n}}\cdot\boldsymbol{p}) - \boldsymbol{p}]\right\} \tag{3.7}$$

$$\overleftrightarrow{\boldsymbol{G}}_m(\boldsymbol{r},\boldsymbol{r}_0)\boldsymbol{p} = \frac{e^{ikr}}{r}\left(1+\frac{i}{kr}\right)(\hat{\boldsymbol{n}}\times\boldsymbol{p}) \tag{3.8}$$

公式中 $r = |\boldsymbol{r}-\boldsymbol{r}_0|$，$k = 2\pi/\lambda$，$\hat{n} = \frac{r-r_0}{r}$。

当考虑三维电磁偶极子散射时，每个偶极子的局域场可表示为[118]：

$$\boldsymbol{p}_{e,j} = \varepsilon_0\overleftrightarrow{\boldsymbol{\alpha}}_J\boldsymbol{E}_{j,\text{total}} = \varepsilon_0\overleftrightarrow{\boldsymbol{\alpha}}_J\left[\boldsymbol{E}_{j,\text{in}} + \sum_{k=1,k\neq j}^{N}\left(\frac{k^2}{\varepsilon_0}\overleftrightarrow{\boldsymbol{G}}_e(\boldsymbol{r}_j,\boldsymbol{r}_k)\boldsymbol{p}_{e,k} - Z_0k^2\overleftrightarrow{\boldsymbol{G}}_m(\boldsymbol{r},\boldsymbol{r}_0)\boldsymbol{p}_{m,k}\right)\right] \tag{3.9}$$

$$\boldsymbol{p}_{m,j} = \overleftrightarrow{\boldsymbol{u}}_J\boldsymbol{H}_{j,\text{total}} = \overleftrightarrow{\boldsymbol{u}}_J\left\{\boldsymbol{H}_{j,\text{in}} + \sum_{k=1,k\neq j}^{N}[ck^2\overleftrightarrow{\boldsymbol{G}}_m(\boldsymbol{r}_j,\boldsymbol{r}_k)\boldsymbol{p}_{e,k} + k^2\overleftrightarrow{\boldsymbol{G}}_m(\boldsymbol{r},\boldsymbol{r}_0)\boldsymbol{p}_{m,k}]\right\} \tag{3.10}$$

因此，对于两个耦合的电偶极子和磁偶极子，分别有[109, 118]：

$$\boldsymbol{p}_e = \varepsilon_0\overleftrightarrow{\boldsymbol{\alpha}}_1[\boldsymbol{E}_{1,\text{in}} - Z_0k^2\overleftrightarrow{\boldsymbol{G}}_m(\boldsymbol{r}_e,\boldsymbol{r}_m)\boldsymbol{p}_m] \tag{3.11}$$

$$\boldsymbol{p}_m = \overleftrightarrow{\boldsymbol{u}}_2[\boldsymbol{H}_{2,\text{in}} + ck^2\overleftrightarrow{\boldsymbol{G}}_m(\boldsymbol{r}_m,\boldsymbol{r}_e)\boldsymbol{p}_e] \tag{3.12}$$

其中$\overleftrightarrow{\boldsymbol{\alpha}}_1$ 和$\overleftrightarrow{\boldsymbol{u}}_2$ 为极化张量，解方程(3.11)和方程(3.12)，可得到偶极矩的自洽方程：

$$\boldsymbol{p}_e = \frac{\varepsilon_0\overleftrightarrow{\boldsymbol{\alpha}}_1\boldsymbol{E}_{1,\text{in}} - \varepsilon_0Z_0k^2\overleftrightarrow{\boldsymbol{\alpha}}_1\overleftrightarrow{\boldsymbol{G}}_m(\boldsymbol{r}_m,\boldsymbol{r}_e)\overleftrightarrow{\boldsymbol{u}}_2\boldsymbol{H}_{2,\text{in}}}{\overleftrightarrow{\boldsymbol{I}} + \varepsilon_0\boldsymbol{c}Z_0k^4\overleftrightarrow{\boldsymbol{\alpha}}_1\overleftrightarrow{\boldsymbol{G}}_m(\boldsymbol{r}_m,\boldsymbol{r}_e)\overleftrightarrow{\boldsymbol{u}}_2\overleftrightarrow{\boldsymbol{G}}_m(\boldsymbol{r}_e,\boldsymbol{r}_m)} \tag{3.13}$$

$$\boldsymbol{p}_m = \frac{\overleftrightarrow{\boldsymbol{u}}_2 \boldsymbol{H}_{2,\text{in}} + \varepsilon_0 c k^2 \overleftrightarrow{\boldsymbol{u}}_2 \overleftrightarrow{\boldsymbol{G}}_m(\boldsymbol{r}_e, \boldsymbol{r}_m) \overleftrightarrow{\boldsymbol{\alpha}}_1 \boldsymbol{E}_{1,\text{in}}}{\overleftrightarrow{\boldsymbol{I}} + \varepsilon_0 \boldsymbol{c} Z_0 k^4 \overleftrightarrow{\boldsymbol{u}}_2 \overleftrightarrow{\boldsymbol{G}}_m(\boldsymbol{r}_e, \boldsymbol{r}_m) \overleftrightarrow{\boldsymbol{\alpha}}_1 \overleftrightarrow{\boldsymbol{G}}_m(\boldsymbol{r}_m, \boldsymbol{r}_e)} \tag{3.14}$$

其中$\overleftrightarrow{I}$为单位并矢。

同时,由电磁理论有,电偶极子 $\boldsymbol{p}_e$ 和磁偶极子 $\boldsymbol{p}_m$ 的辐射能量分别为:

$$Q_e = \frac{\omega^4}{12\pi\varepsilon_0 c^3} |\boldsymbol{p}_e|^2 \tag{3.15}$$

$$Q_m = \frac{\omega^4 Z_0}{12\pi c^4} |\boldsymbol{p}_m|^2 \tag{3.16}$$

### 3.2.3 电-磁偶极子相互耦合的解析模型分析

为了更好地理解非固有表面等离激元手性的响应机理,通过对电磁耦合作用的分析,提出一种可定量计算 CD 的解析模型。类比手性分子理论,当表面等离激元纳米结构中的诱导电偶极子和磁偶极子相互作用时,电偶极子、磁偶极子及波矢所构成的三维结构与其镜像不重合,无论是固有的还是非固有的手性结构,都将产生 CD 响应。然而对于对称的情况,即使有很强的磁偶极矩,电偶极矩的方向总是垂直于磁偶极矩的,所以始终没有 CD 响应。当一个表面等离激元纳米结构中,电偶极子模式和磁偶极子模式同时被激发时,这里将出现一个混合的电-磁偶极极化率 $G = G' + iG''$,从而产生电偶极矩 $\boldsymbol{p}_e$ 和磁偶极矩 $\boldsymbol{p}_m$,即

$$\tilde{\boldsymbol{p}}_e = \tilde{\alpha}\tilde{\boldsymbol{E}} - i\tilde{G}\tilde{\boldsymbol{B}}, \tilde{\boldsymbol{p}}_m = \tilde{\chi}\tilde{\boldsymbol{B}} + i\tilde{G}\tilde{\boldsymbol{E}} \tag{3.17}$$

这里 $\tilde{\alpha} = \alpha' + i\alpha''$是电极化率,$\tilde{\chi} = \chi' + i\chi''$为磁导率,$\boldsymbol{E}$ 和 $\boldsymbol{B}$ 是金属微粒的局域场[60]。由 2.2 节中的知识可知,当以 LCP 和 RCP 激发时,金属微粒的消光截面可表示为:

$$A^{\pm} = \frac{\omega}{2} Im(\tilde{\boldsymbol{E}}^* \cdot \tilde{\boldsymbol{p}}_e + \tilde{\boldsymbol{B}}^* \cdot \tilde{\boldsymbol{p}}_m) = \frac{\omega}{2}(\alpha'' |\tilde{\boldsymbol{E}}|^2 + \chi'' |\tilde{\boldsymbol{B}}|^2) + G''^{\pm} \omega Im(\tilde{\boldsymbol{E}}^{\pm *} \cdot \tilde{\boldsymbol{B}}^{\pm}) \tag{3.18}$$

则消光差值表示为：

$$\Delta A = G''^{+} C^{+} - G''^{-} C^{-} \tag{3.19}$$

式(3.19)中"+"代表LCP激发,"-"对应RCP激发。其中 $C = -\frac{\varepsilon_0 \omega}{2} Im(\boldsymbol{E}^* \cdot \boldsymbol{B})$,表示电磁场的手性[60]。$C_{CPL} = \pm \frac{\varepsilon_0 \omega}{2c} E_0^2$ 是电场振幅为 $E_0 = 1$ V/m时RCP和LCP对应的光学手性。这里采用 $G''^{\pm}$ 是因为磁偶极子由表面等离激元共振引发,对左旋偏光和右旋偏光的响应是不一样的,而对于一般的手性分子而言其电极化率和磁极化率是固定不变的。由Schellman和Govorov[43,119]的工作可知,

$$G'' \sim -Im[\boldsymbol{p}_e^* \cdot (-i\boldsymbol{p}_m)] \tag{3.20}$$

因此,可以结合式(3.13)、式(3.14)、式(3.19)、式(3.20)得出CD的解析值,同时也可由下面公式直接计算出消光差值来表示CD值。

$$A^{\pm} = \frac{\omega}{2} Im(\tilde{\boldsymbol{E}}^* \cdot \tilde{\boldsymbol{p}}_e + \tilde{\boldsymbol{B}}^* \cdot \tilde{\boldsymbol{p}}_m) \tag{3.21}$$

为了证明以上解析模型的正确性,先考虑两个椭球耦合的情况。如图3.3(a)中的小插图所示,设非耦合的电偶极子和磁偶极子相互垂直,分别沿着 $x$ 方向和 $z$ 方向,而入射光波矢的方向则在 $x$-$z$ 平面且与 $z$ 轴有一定的夹角。其中电偶极子的极化率 $\overleftrightarrow{\alpha}_1$ 设为一个长轴沿 $x$ 轴的椭球[$a$ = 120 nm(长轴),$b = c$ = 23 nm(短轴)]的极化率,磁偶极子的磁导率 $\overleftrightarrow{u}_2$ 设为一个长轴沿 $z$ 轴的椭球[$a$ = 30 nm(长轴),$b = c$ = 4.5 nm(短轴)]的磁导率,由以下公式可得:

$$\overleftrightarrow{\boldsymbol{\alpha}}(\boldsymbol{r},\omega) = \overleftrightarrow{\boldsymbol{\alpha}}_0(\boldsymbol{r},\omega)\left[\overleftrightarrow{\boldsymbol{I}} - \frac{2}{3}k_0^3 \overleftrightarrow{\boldsymbol{\alpha}}_0(\boldsymbol{r},\omega) - \frac{k^2}{\overleftrightarrow{\boldsymbol{\alpha}}_0}\right]^{-1} \tag{3.22}$$

其中 $\overleftrightarrow{\boldsymbol{\alpha}}_0(\boldsymbol{r},\omega)$ 是克劳修斯-莫索提极化率

$$\overset{\leftrightarrow}{\boldsymbol{\alpha}}_0 = \begin{pmatrix} \alpha_1 & 0 & 0 \\ 0 & \alpha_2 & 0 \\ 0 & 0 & \alpha_3 \end{pmatrix} \tag{3.23}$$

$$\alpha_j = 4\pi abc \frac{\varepsilon_{\text{particle}} - \varepsilon_{\text{medium}}}{3\varepsilon_{\text{particle}} + 3L_j(\varepsilon_{\text{particle}} - \varepsilon_{\text{medium}})} \tag{3.24}$$

$$L_j = \frac{abc}{2}\int_0^\infty \frac{\mathrm{d}q}{(j^2 + q)f(q)} \tag{3.25}$$

其中$j = a,b,c$,$f(q) = [(q + a^2)(q + b^2)(q + c^2)]^{1/2}$,$a,b,c$为椭球的轴长,$\varepsilon_{\text{particle}}$为金属纳米颗粒的介电常量,$\varepsilon_{\text{medium}}$为环境介质的介电常数。$\overset{\leftrightarrow}{\boldsymbol{u}}$也是通过同样的方法获得。因为自然材料的磁响应非常弱,因此,这里的磁偶极子采用的是表面等离激元共振所产生的圆电流,$\boldsymbol{u}_{\text{particle}}$设为和$\varepsilon_{\text{Au}}$相同但是虚数除以1.5(由于磁偶极子是暗态,因此谱线很窄)。

通过解析计算,结果如图3.3所示。图3.3(a)中灰色的实线和虚线分别表示未耦合的电偶极子和磁偶极子的消光截面,而黑色的虚线和实线分别为RCP和LCP激发时对应的电-磁偶极子耦合时的消光截面。由图可知,当它们耦合在一起时,我们可以看到杂化后的电偶极模式蓝移、磁偶极模式红移。而在单独的磁偶极子共振波长处耦合曲线正好有一个下沉,这就是人们所熟知的Fano共振。毫不意外地,这个耦合系统像手性分子一样因为电偶极子和磁偶极子的混合极化显示出CD效应。为了更清楚地说明电磁耦合情况,在图3.3(b)中画出了耦合系统在LCP和RCP激发下的电偶极辐射能量和磁偶极辐射能量[由公式(3.15)和公式(3.16)计算可得],其中黑色为电偶极辐射能量,灰色为磁偶极辐射能量。由图中我们可以看出即使对于未耦合的电偶极矩或磁偶极矩,当它们耦合时,其共振峰都是电偶极矩和磁偶极矩的混合模式。因此,在电偶极子和磁偶极子的杂化模式中均是电偶极子和磁偶极子相互作用的结果。图3.3(c)中给出了两种方法计算的CD谱,其中黑色实线为LCP激

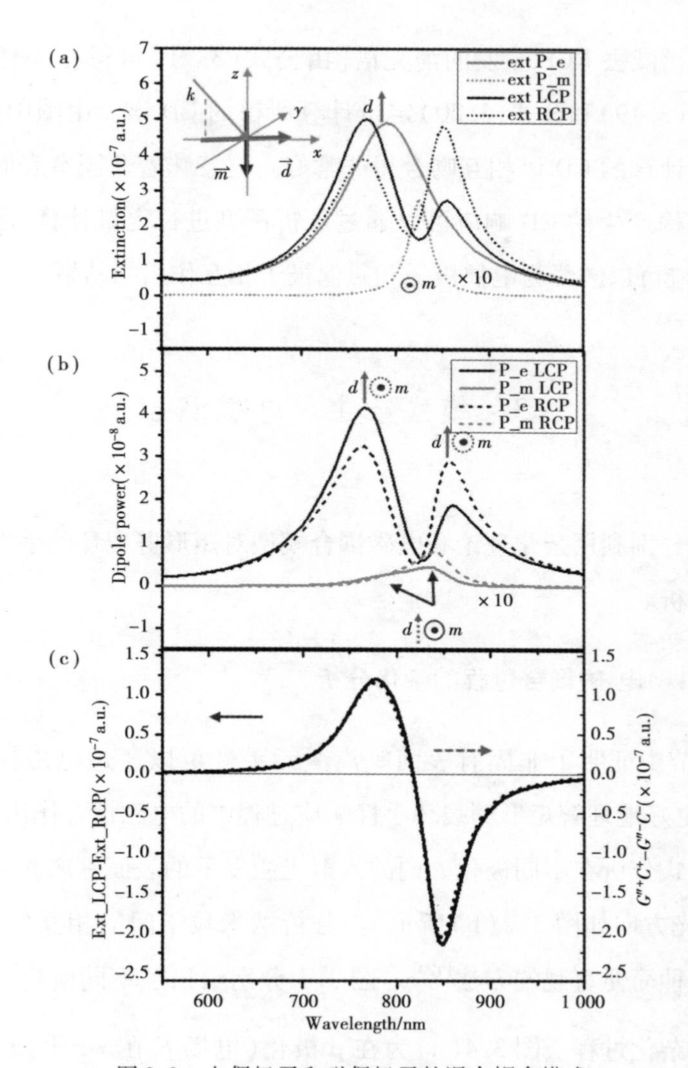


图 3.3　电偶极子和磁偶极子的混合耦合模式

(a)在 CPL 激发下的单个电偶极子和磁偶极子以及耦合的电偶极子和磁偶极子的消光谱；
(b)图(a)中耦合系统的电偶极子和磁偶极子的偶极辐射能量；
(c)耦合系统的左右旋消光差值谱(黑色曲线)与通过公式(3.19)和公式(3.20)计算的 CD 谱的对比[148]

Fig 3.3　Mode mixing for coupled electric and magnetic dipoles.
(a) Extinction spectra for uncoupled electric and magnetic plasmonic dipoles as well as coupled electric and magnetic plasmonic dipoles under CPL illumination.
(b) The dipole power of the individual coupled electric and magnetic plasmonic dipoles in (a). (c) Extinction difference (CD) of the coupled system (blue curve) and the CD calculated from formulae (3.19) and (3.20).

发的消光谱减去 RCP 激发的消光谱[由公式(3.21)可得],黑色虚线为通过公式(3.19)和公式(3.20)定量计算所得的 CD 谱。由图中可知,这两种方法计算的 CD 谱相互吻合得非常好。这意味着非固有表面等离激元手性结构产生的 CD 响应可以通过解析模型进行定量计算,而且对应的 CD 响应可以解释为电偶极子和磁偶极子相互作用的结果。

## 3.3 模式杂化及电磁混合

本节分别利用杂化理论和电磁耦合模型对矩形劈裂环的手性响应机理进行分析。

### 3.3.1 电-磁耦合过程的杂化分析

3.2 节中证明了非固有表面等离激元手性可以通过电磁耦合来解释,为了更好地理解矩形劈裂环手性响应过程中的电磁耦合作用,首先利用杂化模式分析在不同极化方向的入射光激发下的表面等离激元共振模式[入射光方向如图 3.2(b)所示]。分析纳米粒子间的相互作用,杂化分析是一种简便直观的方法[120]。图 3.4 分别给出了不同极化方向入射时对应的杂化过程。图 3.4(a)为在 p 极化(电场 $\vec{E}$ 在 $y$-$z$ 平面)入射光激发下矩形劈裂环的杂化过程,其中图的左边部分和右边部分分别对应劈裂环的大半环和小半环的消光谱,中间部分对应整个劈裂环的消光谱。图中的小插图为各共振峰波长所激发的纳米颗粒的表面电荷分布,从表面电荷分布可以清楚地看到整个环对应的是大半环和小半环的绑定和反绑定模式,其中峰 1 为偶极绑定模式、3 和 4 对应的是四级绑定模式,而峰 2 对应的偶极反绑定模式。当以 s 偏振光入射时(电场 $\vec{E}$ 沿 $x$ 方向),

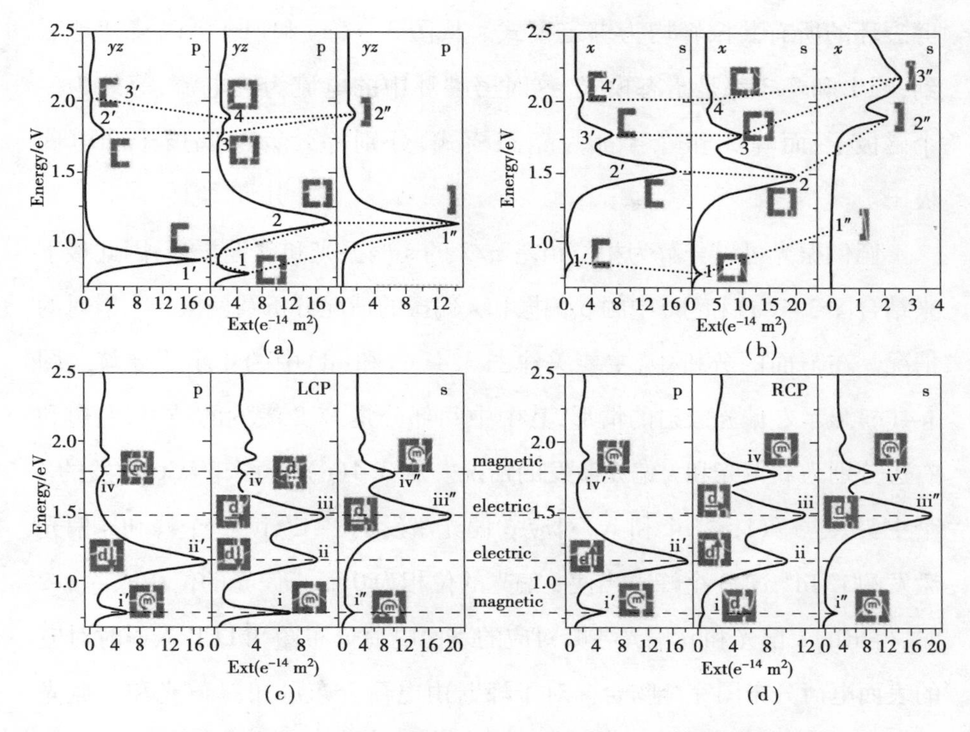


图 3.4　参数同 3.2 的矩形劈裂环的杂化分析和电磁偶极子耦合分析

(a)p 偏振激发下劈裂环的杂化分析;(b)s 偏振激发下劈裂环的杂化分析;

(c)利用 s 偏振和 p 偏振的混合作用对 LCP 激发模式的分析;

(d)利用 s 偏振和 p 偏振的混合作用对 RCP 激发模式的分析[148]

Fig 3.4　Hybridization diagrams and mixing electric and magnetic modes for the splitting rectangle ring the same parameters as in Figure 3.2.

(a) Hybrid diagram of the structure under p polarized light excitation.

(b) Hybrid diagram of the structure under s polarized light excitation.

(c) Modes analysis under LCP excitation with mixed p and s polarized light excitation.

(d) Modes analysis under RCP excitation with mixed p and s polarized light excitation.

杂化模式有一些小的区别,如图 3.4(b)所示。因为在光的传播方向上有相位延迟效应,在两个单独的劈裂部分(大半环和小半环)有一些垂直于 $x$ 方[illegible]荡模式出现,如图 3.4 中的峰 1′,2″,3″,但由图 3.4(b)可知,劈裂环的所有共振峰均为绑定模式。从图 3.4(a)和(b)可以清楚地看到,峰 1 和峰 3 都是暗态模式,这时劈裂环中的电流为圆电流,等效为一个磁极子;而峰 2 和峰 4 都为亮态模式,分别等效为电偶极子和电四极子。

圆偏振光可以分解为相位相差 π/2 的 s 偏振光和 p 偏振光,因此接下来结合图 3.4(a)和(b)中的 p 偏振和 s 偏振的情况分析圆偏振光入射时的情况。在下面的分析中,主要关注图 3.4(c)和(d)中的 4 个主要峰。图 3.4(c)显示左偏光入射的情形,其中中间部分是 LCP 激发的结果,左边和右边分别为 p 偏光和 s 偏光激发的情况。从 3.4(c)中可知,LCP 激发的 4 个主要共振峰(i,ii, iii 和 iv)对应 p 偏光激发的 i′,ii′,iv′ 3 个峰和 s 偏光激发的 i″,iii″,iv″ 3 个峰。当使 s 偏光的位相为 0 而 p 偏光的位相取 -π/2 时,得出的 s 偏光和 p 偏光各峰对应的表面电荷分布图和 LCP 入射时对应的表面电荷分布图完全吻合。对于峰 i,由电荷分布可知,s 偏光和 p 偏光所激发的模式同相振荡,因此,两者叠加后振荡相互增强,所以峰 i 的强度比单独的 s 偏光(i′)和 p 偏光所激发的峰(i″)都要强。对于峰 ii 和峰 iii,它们仅仅是 p 光和 s 光所单独激发,因此从图中直观地来看既没有增强也没有减弱(它们的强度改变主要来源于电偶极子和磁偶极子的相互作用,这个将在后边进一步分析)。对于峰 iv,从表面电荷分布可知是 iv′和 iv″反相叠加,因此在 LCP 中两者相互减弱,其有效振荡类似一个弱电四极子。类似地,在图 3.4(d)中显示了 RCP 激发的情况,当绘制表面电荷分布时令 s 偏光的相位为 0 而 p 偏光的相位为 π/2 时,得到的各峰对应的表面电荷分布图和 RCP 激发所得的表面电荷分布图相互吻合。由相应的表面电荷分布可知,峰 i 处 s 偏振和 p 偏振所激发的模式反相叠加,因此相互减弱,所以峰 i 的强度比 s 光或 p 光单独激发时都弱,而峰 4 处为两个偏光所激发的模式同相叠加,相互增强,因此,比两个偏光单独激发时都强。同样的,峰 ii 和峰 iii 为 p 光和 s 光单独激发,定性地看既不增强也不减弱。

通过杂化分析,图 3.4(c)和(d)解释了矩形劈裂环对 LCP 和 RCP 的不同响应从而产生的 CD 响应,对于峰 ii 和峰 iii 处 CD 的起源仍不清楚。

为了直观地理解各个共振峰的状态,图 3.5 给出 s 偏光、p 偏光和圆偏光入射时各峰值处对应的磁场分布。由图中可以清晰地看到,当以 LCP 激发时,1 610 nm[对应图 3.4(c)中的峰 i]处对应的磁场很强,700 nm[对应图 3.4(c)中的峰 iv]处对应的磁场很弱;而以 RCP 激发时,1 610 nm处对应的磁场很弱,700 nm 处的则更强,这和上面的杂化分析刚好吻合。

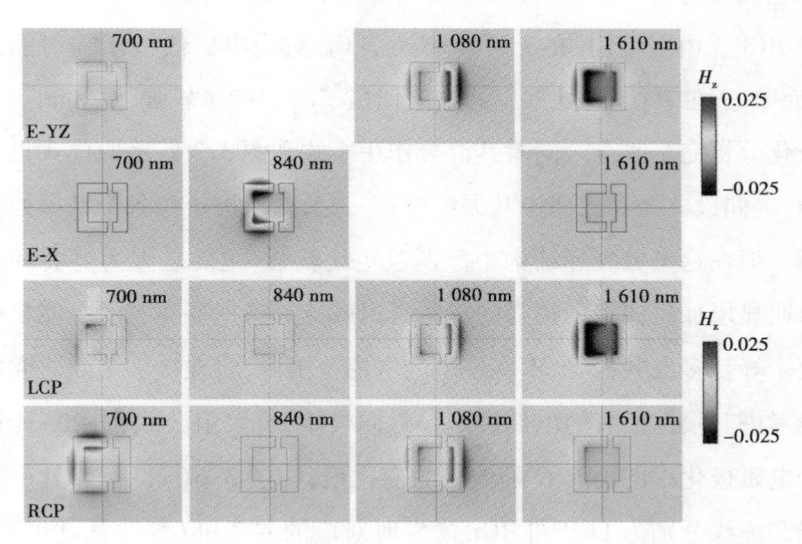


图 3.5　图 3.4 中各峰值对应磁场沿 $z$ 方向的分布图[148]

Fig 3.5　The magnetic field distributions in $z$ direction for the simulations in Fig 3.4.

### 3.3.2　矩形劈裂环手性响应的电-磁耦合分析

为了进一步理解矩形劈裂环中 CD 的产生根源,同时也为了进一步验证 3.2.3 节中提出的解析模型的正确性,接下来,利用此解析模型并借助 FEM 分析方法对矩形劈裂环进行半解析分析。在分析过程中,劈裂环的电偶极矩和磁偶极矩通过 FEM 数值计算来获得,如图 3.6 所示,图 3.6(a)为 LCP 和 RCP 激发的消光差谱值(CD 谱)。电偶极矩和磁偶极矩由以下公式所得(经典电动力学理论,Jacksohn[121]):

$$\boldsymbol{p}_e = \int \mathrm{d}^3 r' \boldsymbol{r}' \rho(\boldsymbol{r}') \tag{3.26}$$

$$\boldsymbol{p}_m = \frac{1}{2}\int \mathrm{d}^3 r' (\boldsymbol{r}' \times \boldsymbol{J}) \tag{3.27}$$

其中 $\rho(\boldsymbol{r}')$ 是电荷密度,$\boldsymbol{J}(\boldsymbol{r}')$ 是电流密度,由此计算出 LCP 和 RCP 激发下诱导的电偶极子辐射能量和磁偶极子辐射能量,如图 3.6(b)所示,其中黑色曲线为电偶极能量,灰色曲线为磁偶极能量,实线对应 LCP,虚线对应 RCP。由图可知,在 1 610 nm 处,LCP 对应电磁偶极子辐射能量较强,而 RCP 在 700 nm 处激发的电磁偶极子辐射能量较强,这和图 3.4 中的杂化分析完全吻合。同时其混合作用模式和图 3.3 所示的模式也非常相似,电偶极共振和磁偶极共振混合在一起,磁偶极子在各个共振处均有贡献。但在这个劈裂环结构中磁偶极矩比较强,主要是因为劈裂环共振可以明显增加磁偶极子辐射的总体延迟效应。这里要注意的是能量较高的两个峰是多极共振峰,不在模型的考虑范围内,将在接下来的研究中进一步考虑。根据已有的电偶极矩和磁偶极矩,可以由公式(3.20)计算出混合电磁极化率的虚部 $G''$ 随波长的变化谱,如图 3.6(c)所示,其中黑色实线和虚线分别为 LCP 和 RCP 激发时对应的 $G''^{+}$ 和 $G''^{-}$。从这里可知,对应不同的圆偏光 $G''$ 不同,灰色曲线为两者之和($G''^{+} + G''^{-}$)。从图中可以看出,较低能量的两个模式(耦合偶极模式)的变化趋势和图 3.6(a)中 CD 曲线的变化趋势完全一致,这再次证实了 3.2.3 节中解析模型的正确性。因此,这里的解析分析相比之前对表面等离激元 CD 响应的定性解释又更进了一步。然而,这里仅仅对偶极共振模式适用。对于多极共振模式,不仅仅有一个等效的异相磁偶极共振,还有和电场模式的相互

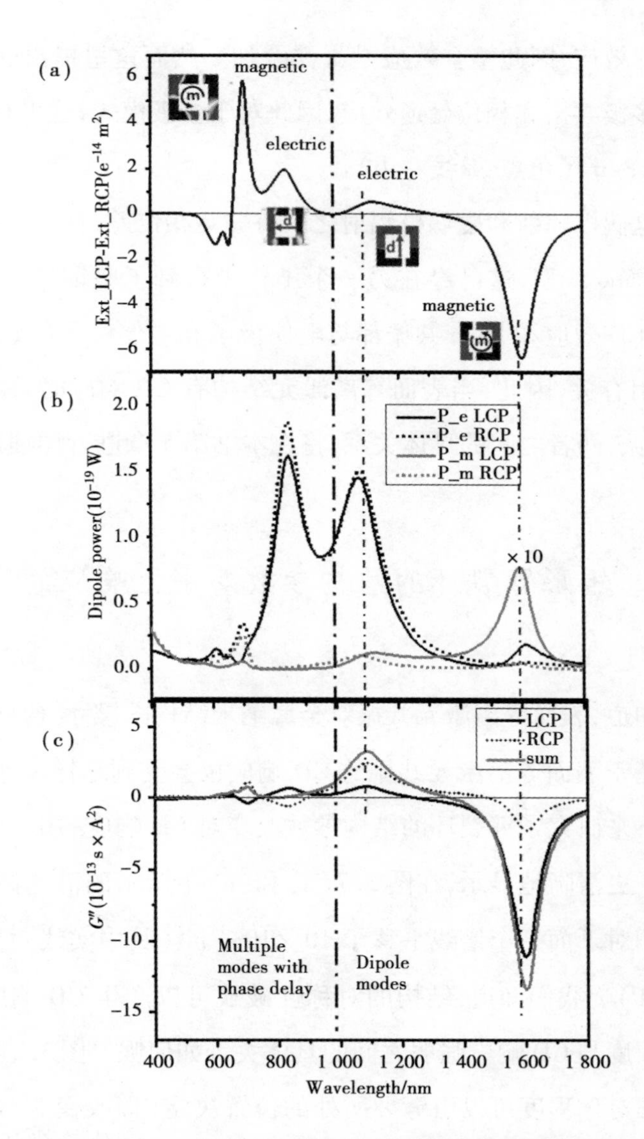


图 3.6　图 3.2 所示的矩形劈裂环的电磁偶极子耦合分析
(a)劈裂环的消光差值谱(CD);(b)在 CPL 激发下劈裂环产生的电偶极能量和磁偶极能量;
(c)在 CPL 激发下劈裂环的混合电磁极化率的虚部 $G''$[148]

Fig 3.6　Coupled electric and magnetic dipoles analysis for the splitting rectangle ring shown in Fig 3.2.
(a) Extinction difference (CD) of the structure. (b) The electric and magnetic dipole power yield by the structure under CPL illumination. (c) The imaginary part of the mixed electric and magnetic polarizability of the structure under CPL illumination.

作用的延迟效应,因此整个效应是干涉叠加。然而这里提出的解析模型没有考虑多极共振和相位延迟效应,因此对于多极模式,这里有非常大的偏差(见图 3.6 黑色点-虚线左边)。

由于电偶极辐射和磁偶极辐射之间有一定相位差,且与波长相关,因此会产生 Fano 线型,这已经在另一个工作中得到了验证[94]。由前面的分析可知,CD 效应和 Fano 共振都与电偶极子和磁偶极子(或暗态模式)的相互作用有关,因此,当表面等离激元结构有 CD 响应时,通常也会产生 Fano 共振,两者之间的具体关系,将在本书第 5 章进行详细讨论。

## 3.4　矩形劈裂环的结构参数对手性响应的影响

我们知道,表面等离激元共振对金属纳米结构的尺寸、构型等非常敏感,因此,基于表面等离激元共振的 CD 响应也会受到结构尺寸和构型的影响。接下来研究了劈裂环的结构参数改变对 CD 响应的影响,如图 3.7 所示。为了更清晰地显示,在图 3.7(a)和(c)中所示的消光谱中不同参数的谱线相对下面一个谱线平移了 $10\times10^{-14}$ $m^2$(其中实线对应 LCP,虚线对应 RCP)。我们知道,结构的对称性破缺可以产生 CD 响应,但结构的非对称程度与 CD 响应强弱之间的具体关系如何呢?图 3.2(a)中矩形劈裂环的非对称程度可以由劈裂所处的位置决定(即改变非对称臂 a 的长度)。图 3.7(a)和(c)为劈裂环的非对称臂 $a$ 为 40 nm(黑色曲线)、20 nm(灰色曲线)、0 nm(浅灰色曲线)时,圆偏振光激发时所对应的消光谱及消光差值(CD 谱),劈裂环的长度及间距均保持不变(如图 3.2 所示,$d=20$ nm, $l=200$ nm, $h=30$ nm, $w=40$ nm)。当右侧的非对称臂 $a$ 变得越来越短的同时,左侧臂越来越长,矩形劈裂环的非对称性随之增加。由图 3.7(a)可知,随着 $a$ 的减小,图中除模式 ii 以外,所有的杂化模式均红移[如图 3.4(a)所示,模式 ii 主要由短臂决定],模式的强度也随之增强。同时,由理论分析可知,随着不对称臂 $a$ 的不断减小,总的磁极子模式增强,因此对应的 CD 也增强。此外,结构的非对称性增强导致 Fano 共振增强,同时也导致了 CD 响应的增强(关于 Fano 共振和 CD 响应的关系在第 4 章将详细讨论)。而由图 3.7(c)可知,随着 $a$ 的不断减小,CD 峰不断红移,同时强度不断增强。

劈裂环的厚度对表面等离激元共振及 CD 响应也有着明显的影响,图 3.7(c)和(d)为厚度,分别为 20 nm(浅灰色曲线)、40 nm(灰色曲线)、60 nm(黑色曲线),其他参数保持不变的情况下,圆偏光所激发的消光谱及 CD 谱。由图 3.7(c)可知,随着厚度的增加,所有的共振峰都蓝移。值得注意的是,消光谱中峰 i 的强度在左旋偏光的激发下随着厚度的增加而增加,而在右旋偏光的激发下却随着厚度的增加而减小。当厚度增加为 60 nm 时,结构呈现出完全的左手性。这是因为随着厚度的增加,诱导电流和对应的偶极矩都增加。同时,随着厚度的增加,电偶极子和磁偶极子的相互作用增强从而使 CD 响应明显增加,这种强烈的相互作用导致了明显的低阶膜的圆偏振选择性,这在已有的表面等离激元结构中是很少见的。因此,此处对应的 CD 峰随着厚度的增加明显增加,对应的峰位相应蓝移,如图 3.7(d)所示。

本章利用电磁耦合模式对非固有手性表面等离激元的手性响应机理进行了详细的分析。首先,引入电偶极子和磁偶极子相互作用的耦合偶极模型,结合电磁耦合过程中产生的混合电磁极化率对非固有 CD 响应进行定量计算,对比结果发现,通过解析表达式所得的 CD 值与左右旋消光谱差值完全吻合。

设计结构简单的非对称矩形劈裂环模型,利用入射波倾斜入射获得

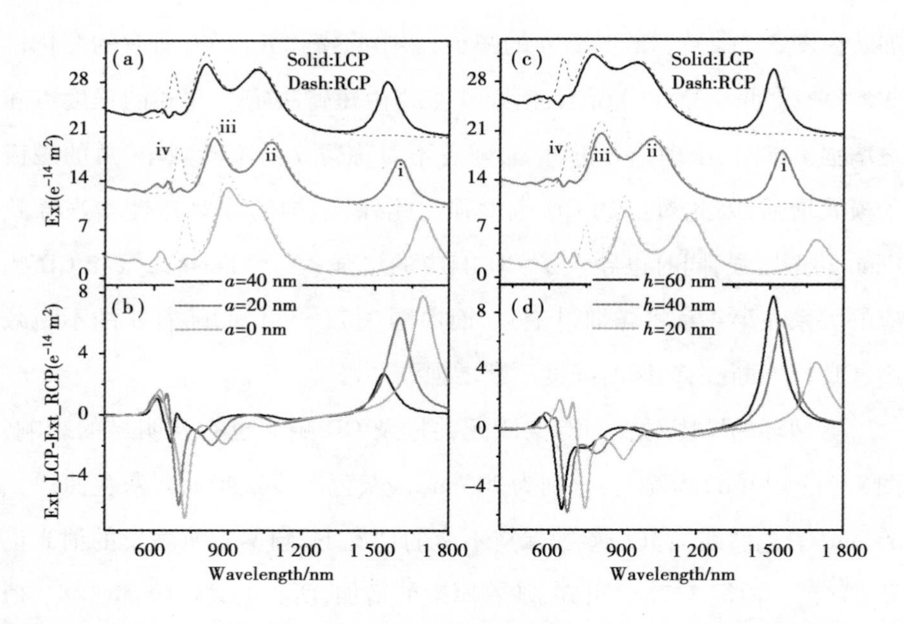


图 3.7　图 3.2 中的参数 $a$ 和 $h$ 对 CD 相应的影响上面部分：劈裂环的非对称臂改变时对应的消光谱(a)和劈裂环的不同厚度对应的消光谱(c)；(b)、(d)对应上面劈裂环的 CD 谱[148]

Fig 3.7　Dependence of the CD effect on parameters a and h (see definitions in Figure 3.2) Top: Extinction spectra of (a) splitting rectangle ring with different asymmetric arms and (c) splitting rectangle ring with different thicknesses. (b, d) CD spectra of the above splitting rectangle ring. Solid lines in upper row are for LCP and dashed lines are for RCP.

强烈的 CD 响应。通过杂化模式分析纳米颗粒之间的杂化过程以及在圆偏光激发下对应的电磁耦合情况。分析发现电偶极子和磁偶极子的相互作用引起了两个混合作用模式,这与解析模式的结果完全吻合。

利用电磁耦合的解析模型对劈裂环进行半定量分析,其中的计算采用有限元方法进行,所得的 CD 谱与消光差谱值在低阶模式处完全吻合,也与杂化分析结果完全吻合,再次证明了解析模型的可靠性。但对于高阶模式此解析模型不适用,还需进一步研究。

在分析表面等离激元 CD 响应机理的基础上,本章进一步通过数值模拟研究了不同的结构参数对矩形劈裂环 CD 响应的影响。首先通过改变非对称臂的长度来改变结构的非对称性,结果发现随着矩形劈裂环的不对称性增加,表面等离激元 CD 响应也随之增强,CD 峰位相应红移;而当劈裂环的厚度不断增加时,偶极 CD 响应明显增强,且对应的 CD 峰为不断蓝移。当厚度增加到 60 nm 时,劈裂环对 RCP 的响应几乎为零,出现了完全的左手性,这种明显的圆偏振选择性,在已有的研究中是很少见的。

根据以上分析,关于非固有表面等离激元 CD 响应的定量计算的解析模式及相应的数值模拟有望应用于更多的非固有手性纳米结构中,在接下来还将进一步研究。特别是把相关理论扩展到高阶模式是十分必要的,因为高阶模式通常会出现更强的 CD 响应。

# 第4章 固有表面等离激元手性机理的电-磁耦合分析

## 4.1 固有表面等离激元手性响应

相对于非固有手性结构,固有手性表面等离激元纳米结构即使在没有入射光和界面存在的情况下也具有真实的三维立体非对称性。近年来,对于固有手性的研究主要有利用 DNA 折纸技术或 DNA 单双链或多肽作为骨架自组装的手性多聚体[122],多层电子束平印术制作的多层手性低聚物,通过化学合成的螺旋状材料或具有螺旋孔结构的手性材料等[123]。针对主要几种类型的手性结构,如弹簧螺旋状结构,在衬底上用微加工颗粒组成的手性结构,DNA 组装颗粒等,研究者们陆续提出了很多相关理论。例如,纳米结构两个垂直方向的相位延迟,圆偏光本身的非对称性,圆偏光的旋转方向与共振模式的重叠,基于振荡理论的 Born-Kuhn 模型[124]等。然而,这些关于表面等离激元手性响应的解释都是定性的。比如,最早提出的针对手性解释的非常简单而又实用的 Born-Kuhn 模型,这个模型利用两个完全相同、垂直放置的纳米棒组成一个耦合振荡器,当入射光的电极化方向沿着其中一根纳米棒的方向入射,将使这个方向的纳米棒极化。由于两根纳米棒之间的耦合作用将在另一根纳米棒方向(与入射光极化方向垂直的方向)产生极化动量,因此整个系统的振荡方向不再是入射光极化方向,从而导致了旋光现象;Fan 等将有微小形变的纳米颗粒的手性响应解释为由不同角动量的谐波混合作用而形成;手性分子的手性响应最原始的解释模型是电偶极子和磁偶极子的相互作用的结果,Plum[59, 89] 曾经借助这个理论定性解释了非手性金属纳米结构的非固有手性响应,但是在固有手性的机理解释中这种类比并不广泛适用。

在本书的第 3 章中,利用电偶极子和磁偶极子的相互作用理论定量分析了非固有手性的 CD 响应。在本章中,受到手性分子理论的启发,利用一种类似的方法对三维手性纳米结构的手性响应进行解析分析和定量计算。结合此解析模型和有限元方法半定量分析的结果和计算的左右旋消光差值(CD)谱吻合得非常好。还将此解析模型应用于经典的 Born-Kuhn 模型中,对解析计算的 CD 谱和消光差值谱进行对比。除此之外,还用了其他 6 个 3D 手性结构对此解析模型进行了进一步验证。

## 4.2　固有手性响应的耦合偶极理论

### 4.2.1　电-磁耦合偶极的解析模型

正如我们所知道的,手性分子的 CD 响应来自于电-磁偶极子的混合相互作用和电偶极-四极子的相互作用。在实验中,大量的分子随机分布,电偶极子-四极子的相互作用平均起来基本可以忽略。和手性分子类似,对于三维手性表面等离激元纳米结构,其CD响应来自于电-磁偶极子的相互作用和电偶极子-四极子的相互作用。对于高阶模式,它们通常被分解成这3个基本的模式。除了一些特别简单的表面等离激元结构,在大多数手性结构中,电四极子相当于一个磁偶极子,因此,主要关注电-磁偶极模式的相互作用。当电偶极子和磁偶极子相互作用时,电偶极子、磁偶极子和波矢构成三维手性构型,对LCP和RCP具有非对称性,因此产生CD响应。对于非固有手性,这种相互作用借助于入射电磁波的倾斜入射。而对于3D固有手性而言,电偶极子和磁偶极子相互之间始终有非垂直角,则电-磁偶极子在彼此方向都有分量,因此两者点乘始终不为零,所以有CD响应。当手性结构中的电偶极子和磁偶极子都被入射电磁场同时激发时,电偶极子和磁偶极子的相互作用将产生一个混合的电-磁偶极极化率 $G = G' + iG''$,但和第2章中给出的非固有手性响应中 $G'' \sim -Im[\boldsymbol{p}_e^* \cdot (-i\boldsymbol{p}_m)]$ 不同[125],我们发现,对于三维手性纳米结构

$$G'' \sim -Im[\boldsymbol{p}_e^* \cdot (\boldsymbol{p}_m)] \tag{4.1}$$

因为在三维手性结构中电偶极子和磁偶极子同时被入射电磁波的电场和磁场分量所激发。由于在非固有手性结构模型里,波矢 $\boldsymbol{k}$,电偶极子 $\boldsymbol{d}$ 及磁偶极子 $\boldsymbol{m}$ 是共面的,所以 $\boldsymbol{m}$ 与 $\boldsymbol{H}$ 的相互作用和 $\boldsymbol{d}$ 与 $\boldsymbol{E}$ 的相互作用之间有 $\pi$ 的相位差,但是在固有手性模型中,$\boldsymbol{m}$,$\boldsymbol{d}$ 可以直接在与 $\boldsymbol{k}$ 垂直的平面相互作用。所以 $\boldsymbol{d}$ 与 $\boldsymbol{m}$ 可以无相位延迟地同时与电场和磁场相互作用,所以公式(3.20)与公式(4.1)差一个 $i$ 因子。

### 4.2.2 解析计算

为了验证上面解析模型的正确性,通过图4.1(a)所示的耦合偶极子

模型来分析。电偶极子和磁偶极子的方向如图4.1(a)所示，入射光沿着$z$轴传播，电偶极子的极化率$\overleftrightarrow{\alpha}_1$基于一个长轴沿着$x$轴的金纳米椭球(长轴$a=100$ nm，短轴$b=c=30$ nm)，磁偶极子的磁导率$\overleftrightarrow{u}_2$基于一个长轴与$z$轴方向成20°与$x$轴成45°的椭球(长轴$a=30$ nm，短轴$b=c=4.5$ nm)[由公式(3.22)所得，对应的说明见3.2.3节]。图4.1(b)中灰色的实线和虚线分别表示未耦合的电偶极子和磁偶极子的消光截面，而黑色的虚线和实线分别为RCP和LCP激发时对应的电-磁偶极子耦合时的消光截面。当它们耦合在一起时，系统的偶极矩清楚地显示出混合极化率，两个共振峰都是电偶极子和磁偶极子的混合作用结果。因此在入射电磁波的作用下电磁杂化模式中都有电磁相互作用。这个耦合系统由于电磁偶极子的混合极化而清晰地显示出CD响应，像手性分子一样。图中圆偏光所激发的两个峰中间有一个劈裂，正好在单独的磁偶极共振波长右边，主要是因为在电偶极子和磁偶极子之间有位相的延迟而导致的能量转移，这是一个典型的Fano干涉。CD响应和Fano共振都是由电磁模式的相互作用引起的，因此，一般情况下有CD响应，对应的就可能有Fano响应。在图4.1(c)中我们得出耦合系统在LCP和RCP激发下的电偶极子和磁偶极子的辐射能量[由公式(3.15)，公式(3.16)可得]，由此可知，当它们耦合时，其共振峰都是电偶极矩和磁偶极矩的混合模式。图4.1(d)中的黑色曲线是通过左右旋消光差值直接表示的CD谱，而图中的灰色曲线是通过公式(3.19)和公式(4.1)计算出的CD谱，两条曲线彼此吻合得非常好。这就证明了三维表面等离激元的CD响应可以定量描述，且可通过电-磁偶极子的相互作用来得到CD谱。

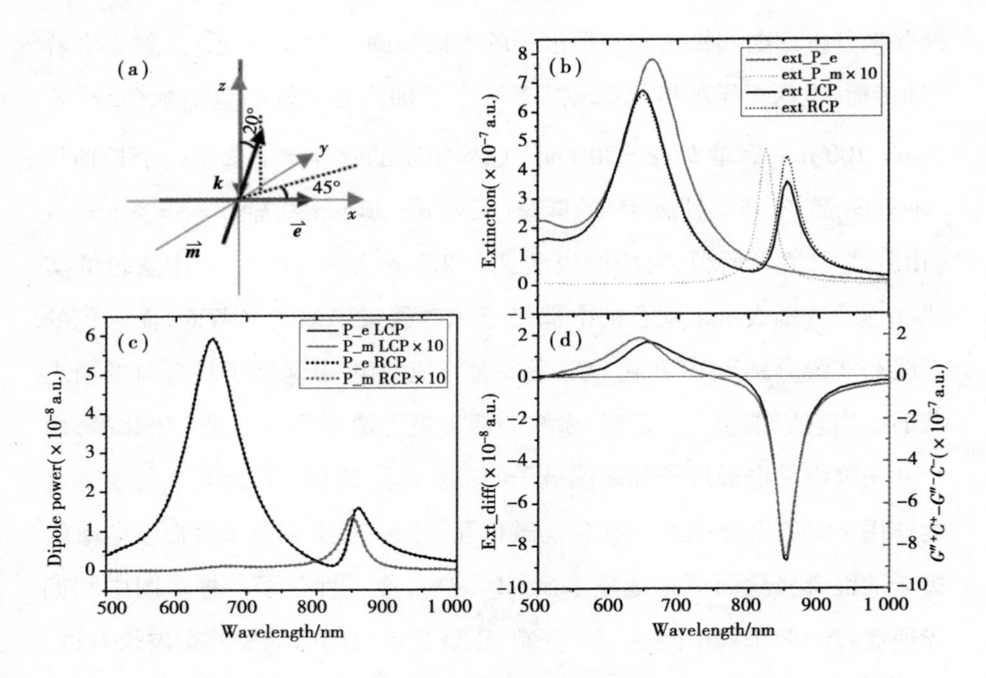


图 4.1　耦合电偶极子和磁偶极子的耦合偶极近似计算

(a)电偶极子、磁偶极子和入射光波矢的方向示意图;(b)没有耦合时电偶极子和磁偶极子的消光谱及圆偏光激发下电偶极子和磁偶极子耦合的消光谱;(c)圆偏光激发下单个耦合的电偶极子和磁偶极子的辐射能量;(d)耦合系统的消光差值谱(黑色曲线)和通过解析式计算的 CD 谱(灰色曲线)的对比图

Fig 4.1　Coupled dipole approximation calculations for coupled electric dipole and magnetic plasmonic dipole.

(a) Schematics of the orientation of the wave vector, the coupled electric dipole and magnetic dipole. (b) Extinction spectra for uncoupled electric and magnetic plasmonic dipoles, as well as coupled electric and magnetic plasmonic dipoles under CPL illuminations. (c) The dipole power of the individual coupled electric and magnetic plasmonic dipoles. (d) Extinction difference (CD) of the coupled system (black curve) and CD calculated from formulas 3.19 and 4.1 of the coupled system.

## 4.3　Born-Kuhn 模型的耦合偶极分析

关于自然界手性分子的光学活性最经典和直观的一种解释是 Born-Kuhn 的耦合振荡理论，它是由两个完全相同、垂直放置的耦合振荡器，用如图4.2(a)中小插图所示(两根相互垂直的全同的金纳米棒，棒长 $l$ = 223 nm，高和宽相等，$h$ = 40 nm，两纳米棒间距 $d$ = 120 nm)模型来分析。接下来用耦合偶极子模型对 Born-Kuhn 模型进行半定量分析，这里的电偶极矩和磁偶极矩由有限元分析方法数值模拟而得。正如上面所讨论的，电偶极共振和磁偶极共振混合在一起，因此在共振峰处显示出电-磁分量。对应的 CD 谱可以由消光差值谱表示，也可以由公式(3.19)和公式(4.1)所得(在这里仅用 $G''$代替，这里 $G'' = G''^{+} + G''^{-}$)，图4.2(a)中的消光谱是左旋偏光(实线)和右旋偏光(虚线)垂直入射所激发的。电偶极矩和磁偶极矩由表达式(3.26)和表达式(3.27)计算所得，由此进一步得到电偶极辐射能量和磁偶极辐射能量，如图4.2(b)所示，正如前面所证明的，电偶极共振和磁偶极共振混合在一起，在共振峰中既有电偶极分量，也有磁偶极分量。从图4.2(c)中可知，由公式(4.1)所计算的混合电磁极化率的虚部 $G''$(黑色曲线)和消光差值谱(灰色曲线)趋势是完全一致的。这证明了我们推演的定量分析模型的可靠性，相比之前对表面等离激元固有手性响应的定性解释更向前推进了一步。其中 CD 谱对应的双峰振荡特性通常可以解释为在 LCP 和 RCP 激发下峰值的相对移动导致的，在耦合电磁模式里，可以解释为磁偶极矩在电偶极矩方向有分量或电偶极矩在磁偶极矩上有分量。图4.3为 Born-Kuhn 模型中电偶极矩和磁偶极矩在各个方向的分量图，如图所示，$\boldsymbol{p}_e$ 和 $\boldsymbol{p}_m$ 在各个方向上分量均不为零,因此两者点乘后不为零,即有CD响应。但目前此分析模型仍仅限于对偶极模式的解释,不适用于高阶模式。

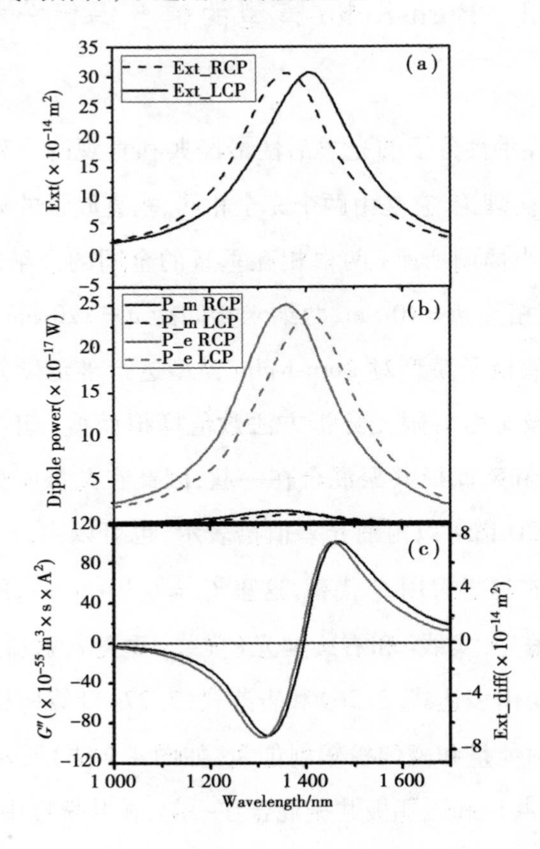


图 4.2　Born-Kuhn 模型的耦合偶极电磁分析

(a)Born-Kuhn 模型在左旋偏光和右旋偏光激发下的消光谱;

(b)圆偏光入射下的电偶极能量和磁偶极能量;

(c)耦合系统的混合电磁极化率的虚部 $G''$(黑色曲线)和消光谱差值(CD)的对比图

Fig 4.2　Coupled electric and magnetic dipoles analysis for the Born-Kuhn model.

(a)Extinction spectra of the structure (inset) under LCP and RCP excited.

(b)The electric and magnetic dipoles power yielded by the structure under CPL illumination.

(c)The imaginary part of the mixed electric and magnetic polarizability $G''$ and the extinction different (CD) of the coupled system.

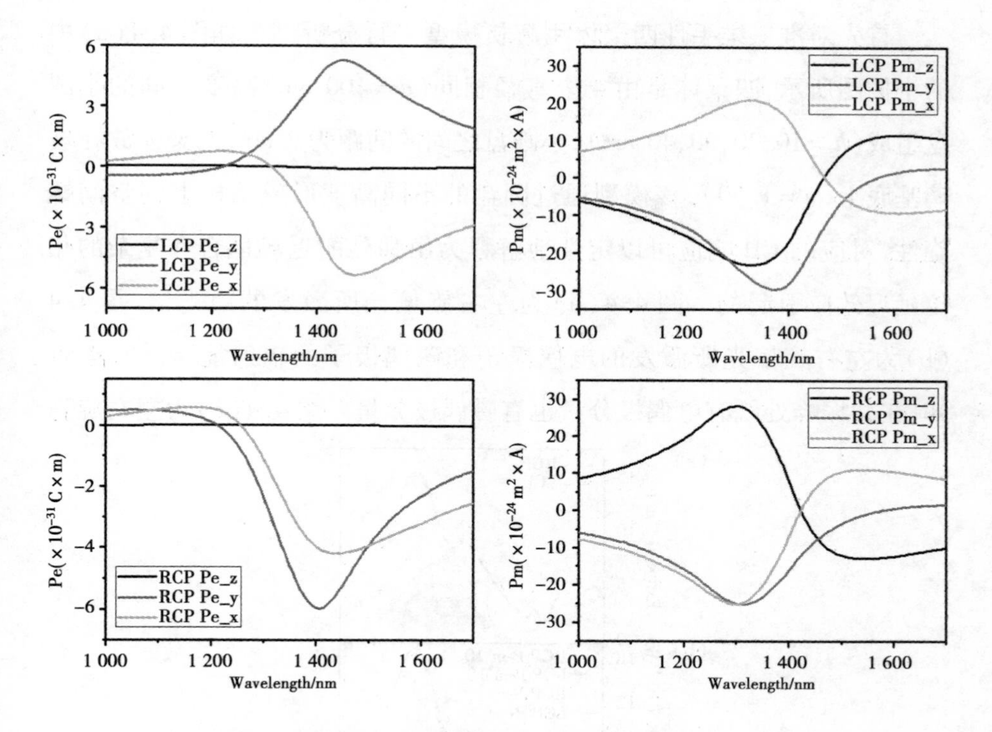


图4.3　电偶极矩和磁偶极矩在各个方向的分量(实部)

Fig 4.3　The electric dipole moment $\boldsymbol{p}_e$ and magnetic dipole moment $\boldsymbol{p}_m$ plotted in their $x$, $y$, $z$ components with only real part for the Born-Kuhn model.

## 4.4　其他三维手性表面等离激元的耦合偶极分析

前面的两个模型皆证明了耦合偶极模型的可靠性,但是否对所有的三维手性纳米结构都适用?为了证明这点,接下来用4.2节的解析模型分析已发表的文献中的6个三维手性模型。其中电偶极矩和磁偶极矩都由公式(3.26)和公式(3.27)通过FEM数值模拟所得,消光谱也通过数值模拟所得。

首先对准三维手性四聚体用解析模型进行分析[126]，如图 4.4(a)中的小插图所示，四聚体是由 4 个直径相同($d=100$ nm)高度不同的小圆盘组成($h=10,20,30,40$ nm)，小圆盘之间的间距为 2 nm，四聚体放在玻璃基底上($n=1.50$)，该模型通过圆盘的不同高度形成结构上的空间螺旋性，对应的 CD 响应可以定性地解释为由强烈的近场耦合和复杂的相位延迟效应引起的。图 4.4(a)为左右旋偏光所激发的消光谱，图 4.4(b)为左右旋偏光所激发的电偶极子和磁偶极子的辐射能量。同样可知，在共振峰处既有电偶极分量也有磁偶极分量。图 4.4(c)为左右旋消

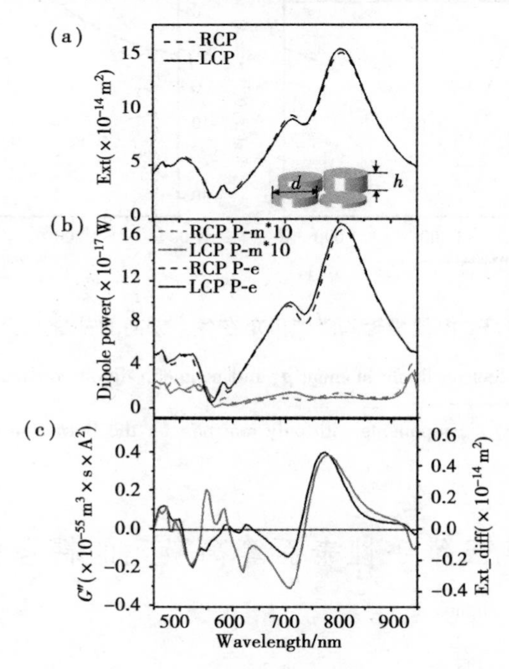


图 4.4 准三维手性四聚体模型的消光谱(a)，偶极能量谱(b)和混合电磁极化率的虚部 $G''$(黑色曲线)和消光谱差值(CD)(灰色)的对比图(c)

Fig 4.4 The extinction spectra (a), the dipole power spectra (b) and The imaginary part of the mixed electric and magnetic polarizability $G''$ (black curve) and the extinction different (CD) (gray curve) (c) of the Ag quasi-three-dimensional oligomers.

光差值谱(灰色曲线)与混合电磁偶极化率的虚部 $G''$(黑色曲线)的对比图,由图中可知,对应的耦合偶极模式吻合得较好,但是多极模式却吻合得不好。主要是因为多极模式共振中不止一个磁偶极子反向振荡,同时还有和电极模式的延迟作用,因此整个效应是干涉叠加。其对应的 $\boldsymbol{p}_e$ 和 $\boldsymbol{p}_m$ 在各个方向的分量如图4.5所示。

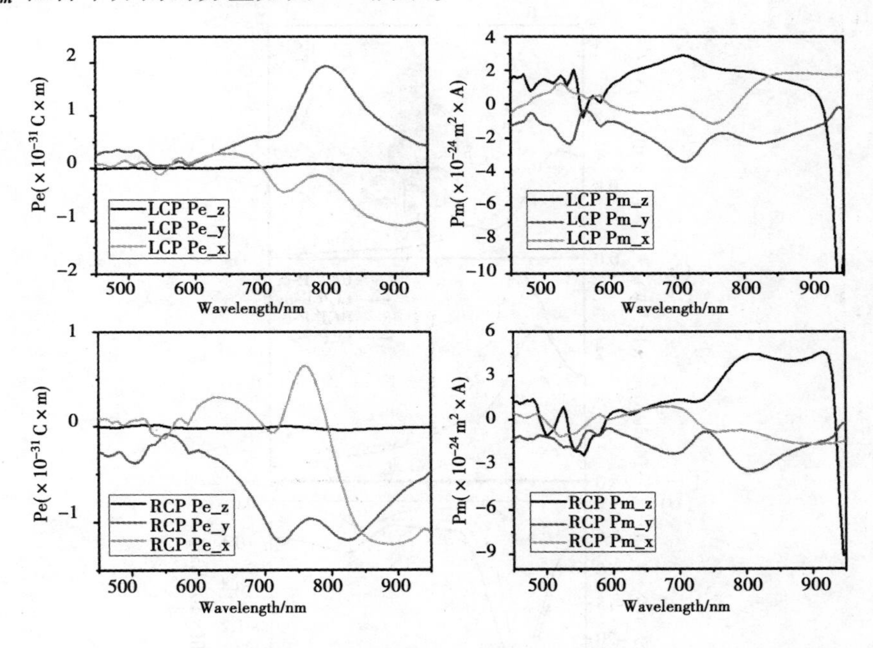


图4.5　准三维手性四聚体电偶极矩和磁偶极矩在各个方向的分量(实部)

Fig 4.5　The electric dipole moment $\boldsymbol{p}_e$ and magnetic dipole moment $\boldsymbol{p}_m$ plotted in their $x$, $y$, $z$ components with only real part for the quasi-three-dimensional oligomers.

手性分子中存在螺旋结构是其具有光学活性的主要原因,因此人们通常直接用金属螺旋线或其组合体来产生强烈的手性响应,这里用电磁耦合偶极模型对这种典型的手性结构进行分析。如图4.6(a)中的小插图所示[127],螺旋线的主螺旋直径为 $d=36$ nm,次螺旋线直径为 $d=28$ nm,螺距 $p=54$ nm,材料为Cu,螺旋线放置在玻璃基底上,此螺旋体在文献中曾经用离散偶极近似法进行分析。图4.6(a)为在LCP和RCP所激发的消光谱,图 4.6(b)为 LCP 和 RCP 激发下的诱导电偶极子和磁偶极子的辐射能量,由图中可知,对应的共振峰处既有电偶极矩也有磁偶极矩。由图 4.6(c)中的 CD 谱和混合电磁极化率的虚部 $G''$的对比图可知,相对应的峰值基本吻合。其对应的 $\boldsymbol{p}_e$ 和 $\boldsymbol{p}_m$ 在各个方向的分量如图 4.7 所示。

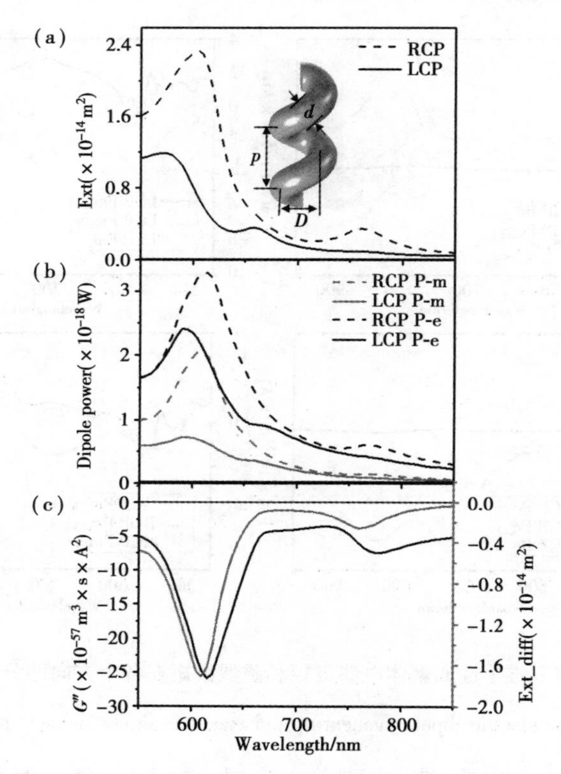


图 4.6　表面等离激元螺旋模型的消光谱(a),偶极能量谱(b)和混合电磁极化率的虚部 $G''$(黑色曲线)和消光谱差值(CD)(灰色)的对比图(c)

Fig 4.6　The extinction spectra (a), the dipole power spectra (b) and The imaginary part of the mixed electric and magnetic polarizability $G''$ (black curve) and the extinction different (CD) (gray curve) (c) of the the plasmonic nanohelix.

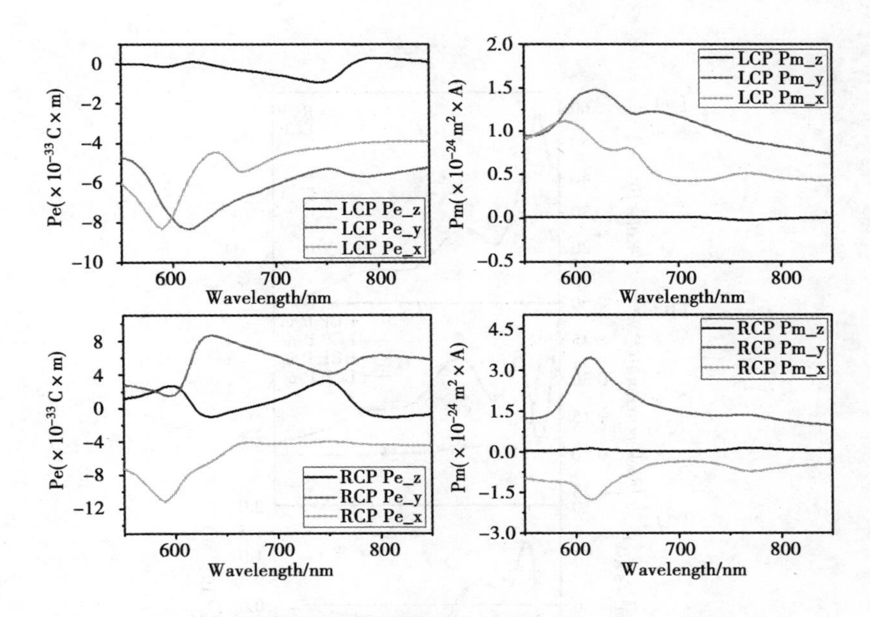


图4.7　螺旋模型的电偶极矩和磁偶极矩在各个方向的分量(实部)

Fig 4.7　The electric dipole moment $\boldsymbol{p}_e$ and magnetic dipole moment $\boldsymbol{p}_m$ plotted in their $x$, $y$, $z$ components with only real part for the plasmonic nanohelix.

图4.8中的三维手性多聚体是由双层小圆盘[128]组成,类似于手性分子结构,所有小圆盘的直径皆为 $d = 200$ nm,同层圆盘之间的间隔为20 nm,圆盘的厚度为 $h = 40$ nm,上面一个圆盘和下层圆盘之间的间距为 $g = 70$ nm。其CD响应来自于金属原子的手性放置引起螺旋形电流以致产生的磁偶极矩与电偶极矩平行。图4.8(a)为左右旋光所激发的消光谱,图4.8(b)为左右旋光激发下的电磁偶极辐射能量图,类似地,对应的共振峰处有较强的磁偶极矩和电偶极矩,正是这两者的强烈相互作用导致了CD响应,由图4.8(c)可知,通过解析计算的混合电磁极化率的虚部 $G''$ 与消光谱基本吻合。其对应的 $\boldsymbol{p}_e$ 和 $\boldsymbol{p}_m$ 在各个方向的分量如图4.9所示。

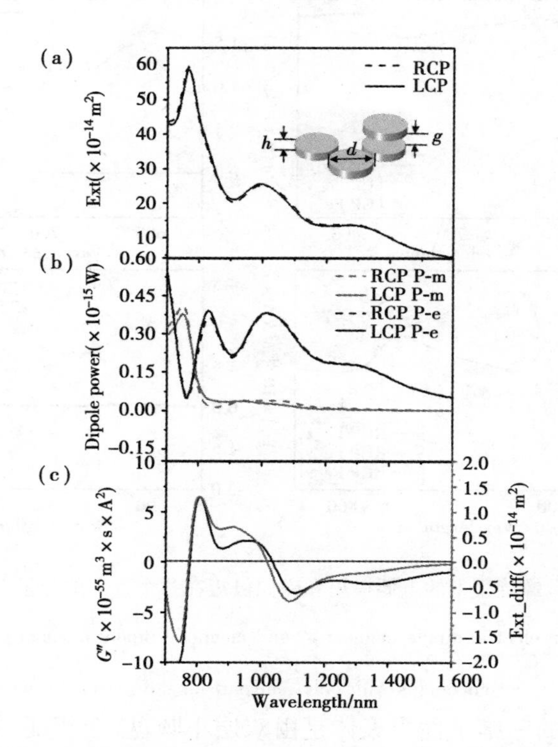


图 4.8　三维手性多聚体的消光谱(a),偶极能量谱(b)和混合电磁极化率的虚部 $G''$(黑色曲线)和消光谱差值(CD)(灰色)的对比图(c)

Fig 4.8　The extinction spectra (a), the dipole power spectra (b) and The imaginary part of the mixed electric and magnetic polarizability $G''$ (black curve) and the extinction different (CD) (gray curve) (c) of the 3D chiral plasmonic oligomers.

图 4.10 中显示的是对一个有轻微形变的球形纳米颗粒的解析分析[129]。其手性响应机制曾经在文献中被解释为由不同角动量谐波混合作用而产生,这也是解释手性响应的一种常用理论。这种纳米颗粒的微小形变而引起的 CD 响应意味着也许在未来可以通过在微小颗粒上植入手性分子,从而生长出具有分子级手性缺陷或孔道的纳米材料。如图 4.10(a)中小插图所示,金纳米球的半径为 7 nm,形变半径为 1 nm,相对而言,形变很小,因此,LCP 和 RCP 激发的消光谱基本重合。图 4.10(b)

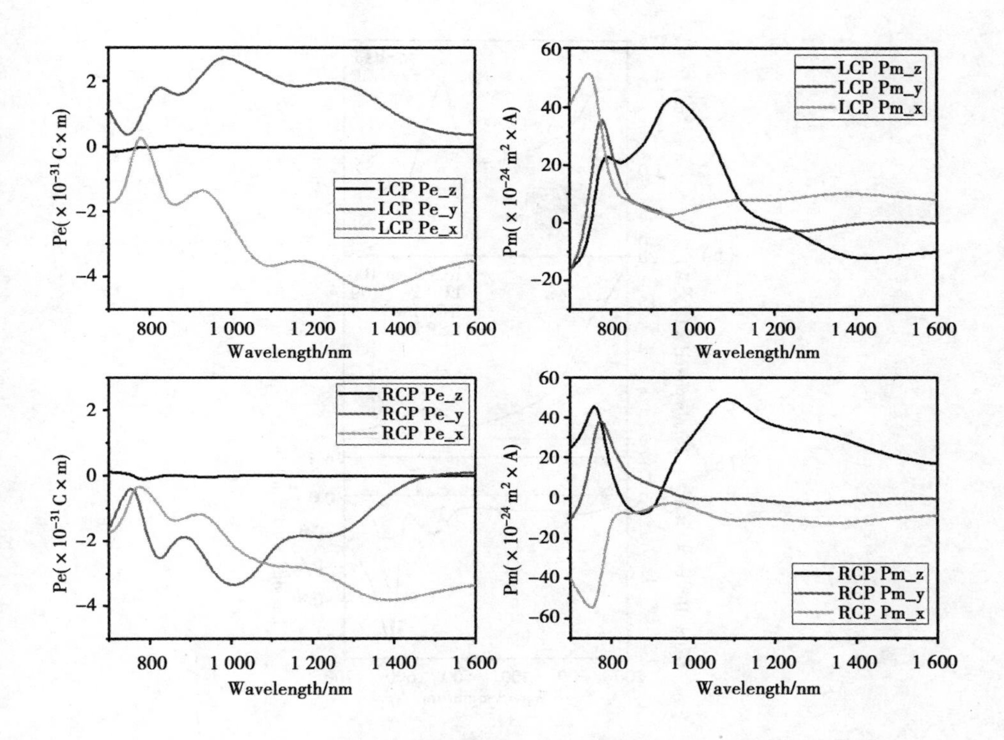


图4.9　三维手性多聚体的电偶极矩和磁偶极矩在各个方向的分量(实部)

Fig 4.9　The electric dipole moment $\boldsymbol{p}_e$ and magnetic dipole moment $\boldsymbol{p}_m$ plotted in their $x$, $y$, $z$ components with only real part for the 3D chiral plasmonic oligomers.

为左右旋偏光所激发的电-磁偶极辐射能量。图4.10(c)中所示的CD曲线和混合电磁极化率的虚部$G''$总的趋势仍是一致的,峰位稍有偏差,可能是因为与四极模式作用所致。电偶极矩和磁偶极矩在各个方向的分量如图4.11所示。

图4.12中显示的是一个三维手性月牙[72],其CD响应机制主要来自于在LCP和RCP激发下诱导电场矢量的不同旋转,等效于不同方向的偶极共振。如图3.12(a)中小插图所示,其外半径$D=22.5$ nm,尖端小半径为$d_1=11.3$ nm,$d_2=1.875$ nm,对应的高$h_1=17.5$ nm,$h_2=2.5$ nm,图

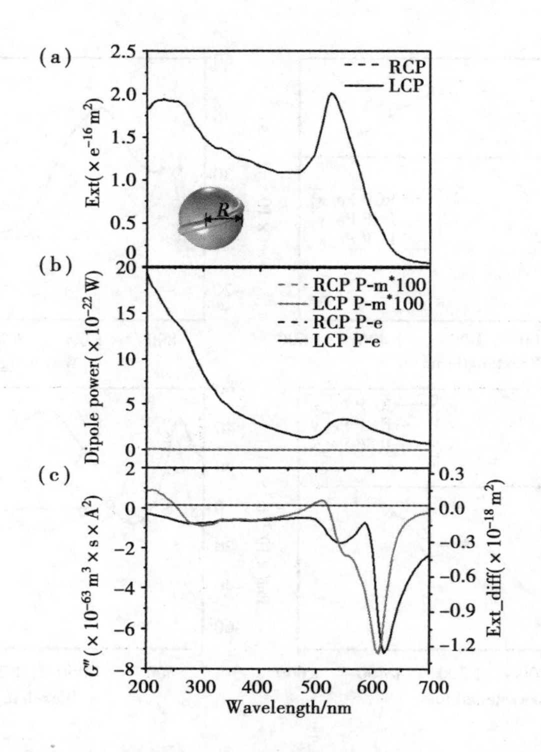


图 4.10　手性纳米晶体的消光谱(a),偶极能量谱(b)和混合电磁极化率的虚部 $G''$(黑色曲线)和消光谱差值(CD)(灰色)的对比图(c)

Fig 4.10　The extinction spectra (a), the dipole power spectra (b) and The imaginary part of the mixed electric and magnetic polarizability $G''$ (black curve) and the extinction different (CD) (gray curve) (c) of the chiral nanocrystals.

4.12(a)为 LCP 和 RCP 激发下的消光谱,由图中可知,有两个明显的耦合偶极峰。而由图 4.12(b)所示的电-磁偶极辐射能量图中可知,两个共振峰处都有电偶极能量和磁偶极能量,所以它们的相互耦合产生了 CD 响应。图 4.12(c)中为由消光差值所得的 CD 谱与混合电磁极化率的虚部 $G''$的对比谱,由图中可以看出,两谱的趋势在偶极 CD 峰处完全吻合。对应的电偶极矩和磁偶极矩在各个方向的分量,如图 4.13 所示。

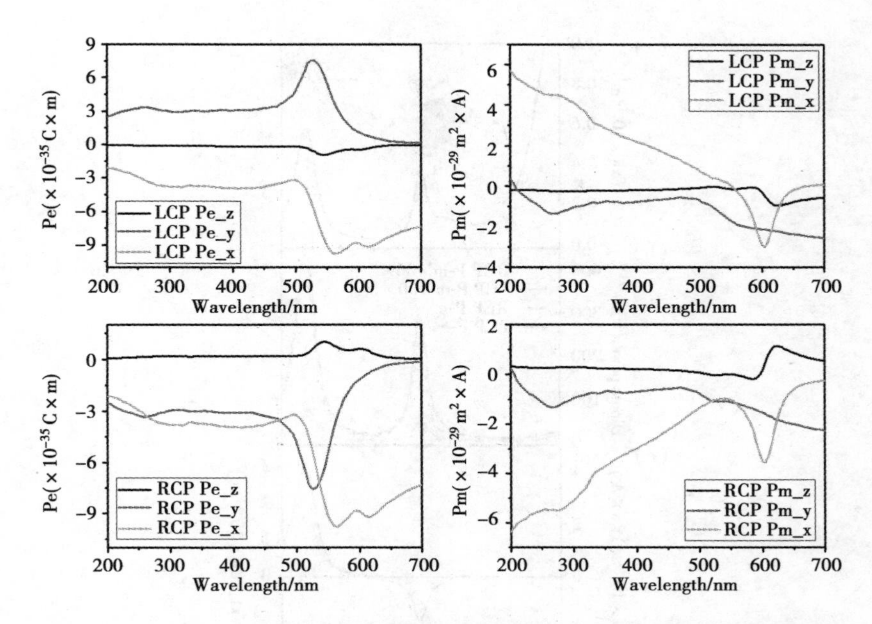


图4.11　三维手性多聚体的电偶极矩和磁偶极矩在各个方向的分量(实部)

Fig 4.11　The electric dipole moment $\boldsymbol{p}_e$ and magnetic dipole moment $\boldsymbol{p}_m$ plotted in their $x$, $y$, $z$ components with only real part for the chiral nanocrystals.

图4.14(a)中小插图所示的为直径 $d=10$ nm 纳米颗粒组装成的三维螺旋结构[82],其螺旋直径为 $D=34$ nm,螺距为 $p=54$ nm,文中类比手性分子响应原理,将其手性响应定性地解释为耦合的表面等离激元波沿着螺旋路径传播,从而增加对与螺旋方向相同的圆偏光的吸收。由于纳米颗粒尺度较小,所以左右旋偏光所激发的消光谱近似重合,对应的共振峰处仍同时有电偶极分量和磁偶极分量,如图4.14(b)所示。图4.14(c)所示的CD谱与 $G''$ 基本重合。对应的电偶极矩和磁偶极矩在各个方向的分量如图4.15所示。

综合以上对6个手性模型的分析,可以得出,对于三维表面等离激元手性结构的偶极CD响应可以通过耦合电磁偶极子模型定量的分析,虽然有少数的偶极模型仍有些差异,这主要是因为在偶极模式和四极模式

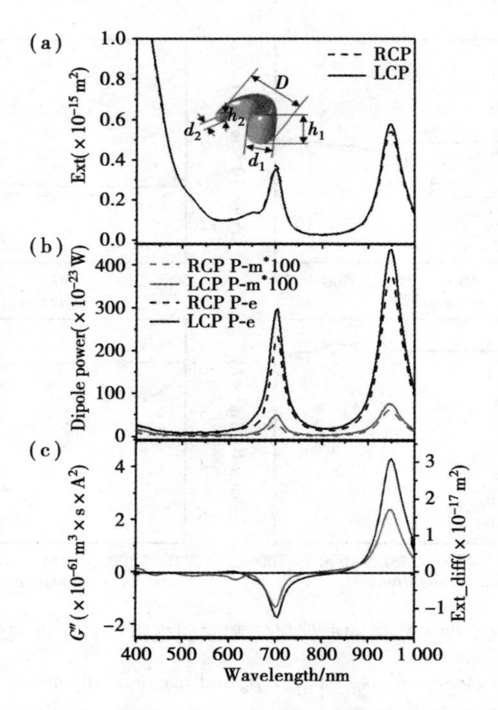


图 4.12　空间坡度纳米结构的消光谱(a),偶极能量谱(b)和混合电磁极化率的虚部 $G''$(黑色曲线)和消光谱差值(CD)(灰色)的对比图(c)

Fig 4.12　The extinction spectra (a), the dipole power spectra (b) and The imaginary part of the mixed electric and magnetic polarizability $G''$ (black curve) and the extinction different (CD) (gray curve) (c) of the spiral-type ramp nanostructures.

的相互作用过程中,四极模式不能完全用一个磁偶极子代替所致。

通过本章分析,发现对于三维固有手性表面等离激元纳米结构的手性响应主要来自于电偶极子和磁偶极子的强烈相互作用,其 CD 响应可以通过电磁混合极化率进行定量分析。通过对电偶极子和磁偶极子的耦合进行解析计算,发现通过解析表达式计算的结果和由消光谱差值所得的 CD 谱完全吻合,由此证明了模型的可行性。

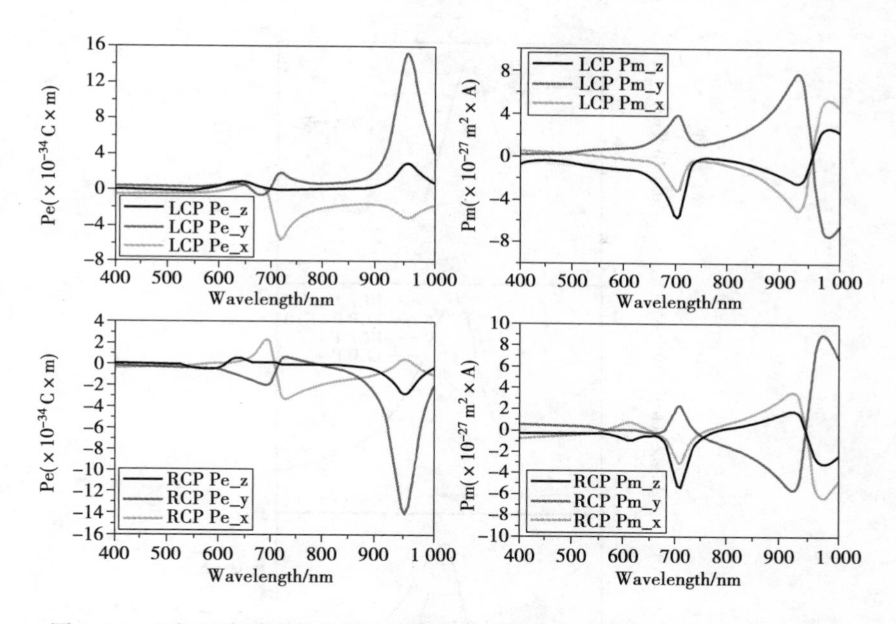


图 4.13　空间坡度纳米结构的电偶极矩和磁偶极矩在各个方向的分量(实部)

Fig 4.13　The electric dipole moment $\boldsymbol{p}_e$ and magnetic dipole moment $\boldsymbol{p}_m$ plotted in their $x$, $y$, $z$ components with only real part for the spiral-type ramp nanostructures.

利用电磁耦合偶极模型对经典 Born-Kuhn 模型进行分析,发现计算的电磁混合极化率的虚部和 CD 谱的趋势完全一致,再次证明了解析模型的可行性。

在此基础上,把电磁耦合的解析模型应用于其他 6 个典型的三维手性结构中,所对应的低阶模式都基本吻合,但此模型不适用于高阶模式。结构中有些微小的不匹配的情况主要是因为偶极模式和四极模式之间的相互作用不能忽略,这也是我们以后需要进一步做的工作。这个定量的解析模型有望广泛应用于三维手性模型中,使我们对 3D 表面等离激元手性响应的物理机制有了更进一步的认识。

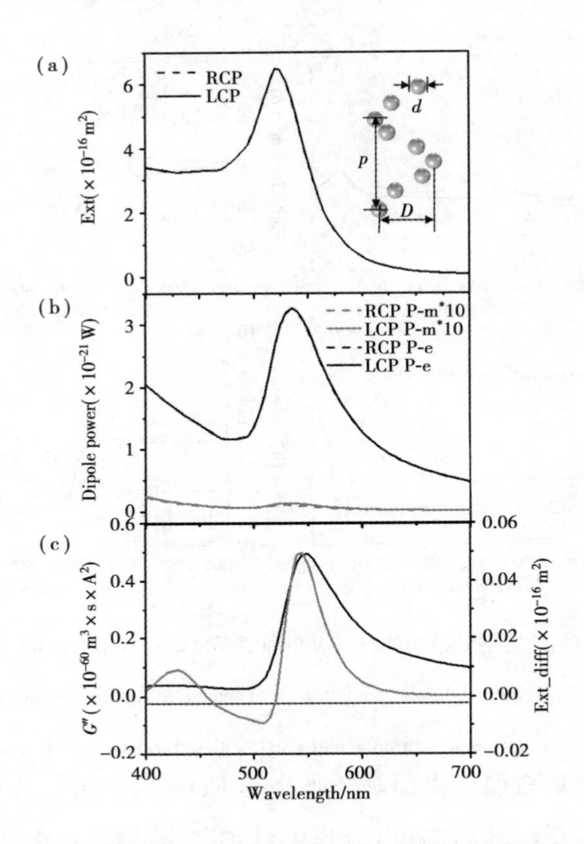


图 4.14　金属纳米颗粒螺旋体的消光谱(a),偶极能量谱(b)和混合电磁极化率的虚部 $G''$(黑色曲线)和消光谱差值(CD)(灰色)的对比图(c)

Fig 4.14　The extinction spectra (a), the dipole power spectra (b) and the imaginary part of the mixed electric and magnetic polarizability $G''$ (black curve) and the extinction different (CD) (gray curve) (c) of the Ag quasi-three-dimensional oligomers.

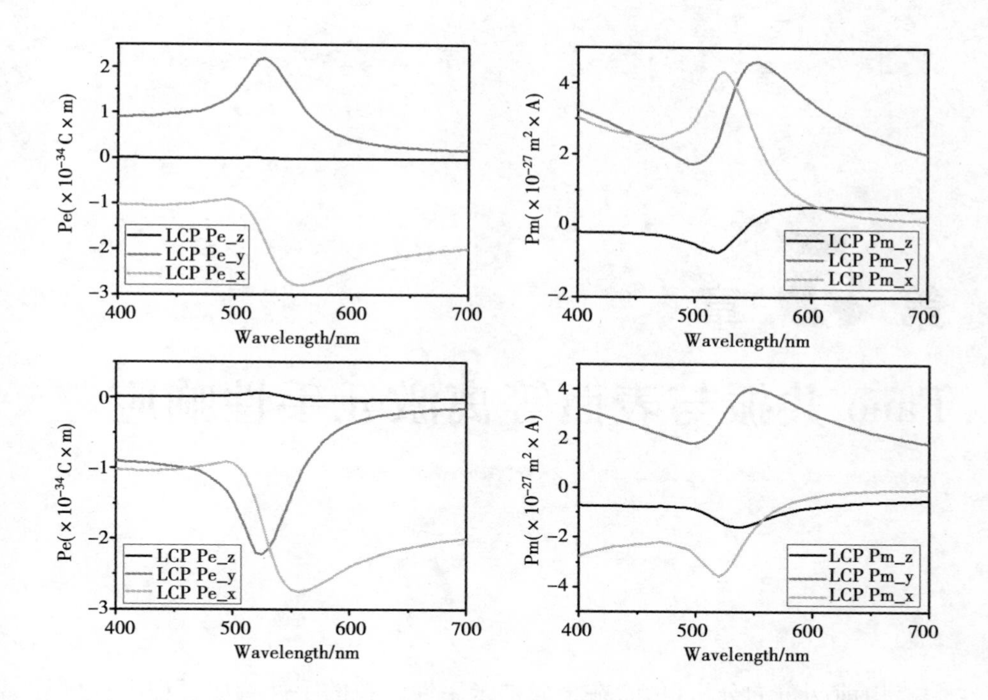


图 4.15　纳米颗粒螺旋体的电偶极矩和磁偶极矩在各个方向的分量(实部)

Fig 4.15　The electric dipole moment $\boldsymbol{p}_e$ and magnetic dipole moment $\boldsymbol{p}_m$ plotted in their $x$, $y$, $z$ components with only real part for the gold nanoparticle helices.

# 第 5 章

# Fano 共振与表面等离激元手性响应

由前两章的分析可知,在金属纳米手性颗粒的手性响应过程中,电偶极模式和磁偶极模式的相互作用起了关键作用。其中磁偶极子模式主要是环形电流,或者暗模(类环形电流)振荡。而在十年前就有研究表明明模(电偶极模式)与暗模相互作用会产生 Fano 共振。由于这两者产生的同源性,CD 响应与 Fano 共振有着不可分割的联系。2014 年,Tian 等理论研究发现 Fano 共振可增强二维非手性金属纳米二聚体的手性响应,且在高阶模处发现二聚体对左旋光和右旋光近 100% 的不同响应[94]。

在本章中,通过有限元方法对利用不同材料组成的相同尺寸的纳米米二聚体进行分析,进一步论证 Fano 共振对表面等离激元手性响应的协助增强效应。同时利用手性分子模型和表面电荷分布等分析纳米材料、几何参数等对 Fano 共振协助 CD 的影响。结果显示 Au-Ag 纳米米二聚体具有最强的光学手性响应,因此,其有望在生物传感领域得到有效应用。

## 5.1 Fano共振与CD响应

### 5.1.1 Fano共振

Fano共振是一种非对称谱线形状的谐振,是由于共振散射过程和其背景的相互干涉而产生的散射现象。Fano共振是意大利物理学家Fano在1961年提出的,但是这一现象最早却是在2009年发现的[130]。谐振现象分为洛伦兹型和Fano共振型两种,其中Fano共振是量子系统的显著特征之一。Fano共振的微观机制如下:窄的分立态能级(或共振)与宽的连续态能带相互重叠后,发生相长或相消的量子干涉,在一定的光频率出现零吸收现象,使谱线呈现出非对称性。Fano共振对频率的依赖性可以表示为[30,131]:

$$I = A\frac{(q\gamma + \omega - \omega_0)^2}{(\omega - \omega_0)^2 + \gamma^2} + B \tag{5.1}$$

$\omega_0$和$\gamma$分别表示共振的位置和共振的宽度,$q$用来表示谱线的非对称程度,称为Fano参数,$A$为共振峰的幅度,$B$为背景,可为其他线型,如洛伦兹线型。如图5.1为不同$q$值下的Fano线型曲线。

1965年,Hessel在解释光栅的Wood异常时,把Fano共振引入了光学中。2002年,Fano共振的概念被应用到全光开关盒双稳态。利用非线性光子晶体腔可以实现非线性的Fano共振,从而有效地减慢光的传播速度。金属纳米结构比较容易产生相干效应,从而成为产生Fano共振的一个主要平台。由于表面等离激元的快速发展,基于表面等离激元的Fano共振也引起了人们极大的关注。表面等离激元的Fano共振是由明模(superradiation)和暗模(subradiation)相长相消干涉而引起的。明模是具

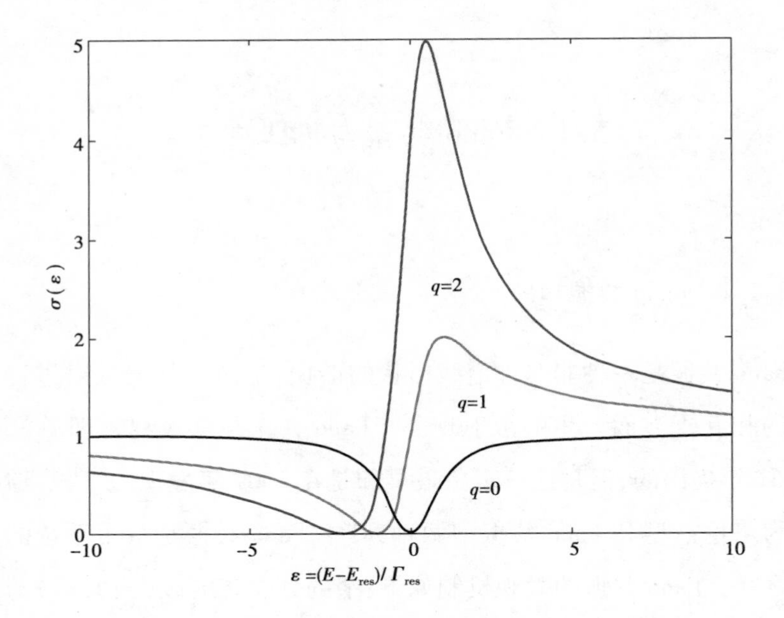


图 5.1　不同 $q$ 下的 Fano 线型曲线[148]

Fig 5.1　The Fano lineshape resonance with different $q$.

有较大辐射展宽的共振态，能够被入射光直接激发，如偶极共振模式；而暗模是具有较弱辐射展宽的共振谱，它不能被入射光直接激发，比如金属纳米结构的高阶共振模式[26,108]。当明模与暗模相互作用时，光的激发能量可通过明模耦合传递给暗模，而后再传递给明模散射出去。这个能量耦合传递过程会产生一个 π 的相位差，从而导致在暗模共振处存在一个极小值，如图 5.2 所示[132]。表面等离激元的 Fano 共振位置处，系统辐射衰减可以被有效地抑制，可以形成较窄线宽的谱线。而入射场能量可以很好地局限在纳米结构的表面，因此具有较强的局域电场增强。因此，Fano 共振可以有效提高传感灵敏度，这在理论和实验上都得到了充分证明。同时，Fano 共振的应用非常广泛，可在传感器、透射增强、耦合波导、光开关、非线性效应和慢光散射等众多领域得到应用[133-138]。

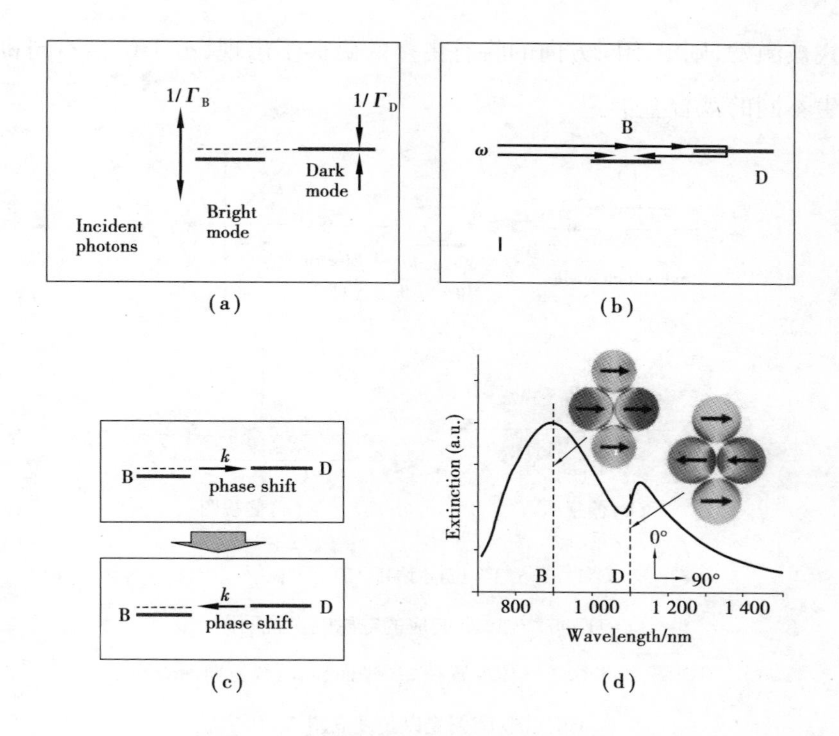


图 5.2　表面等离激元 Fano 共振干涉示意图[132]

Fig 5.2　Schematics describing plasmonic Fano-like interferenc

### 5.1.2　Fano 共振与 CD 响应

正如上节所分析,表面等离激元 Fano 共振来源于表面等离激元共振模式中窄带共振(次级辐射)和宽带振动模式(超辐射)的干涉相长和相消。其中次级辐射可以看成是两个反向的电偶极子。当这两个反向的电偶极子的偶极动量大小不相等时,可以等效为一个磁偶极子(两个反向的大小相等的偶极动量)加上一个电偶极子,如图 5.3(a)所示。因此,当 Fano 共振产生时,具有很强的磁偶极矩。Fano 共振就可以看成是电偶极矩和磁偶极矩相互作用的结果。而在具有非对称性(或手性)结构中,正如在第 2、第 3 章中所分析,这种电-磁偶极子的相互作用也是 CD 的主要来源。因此,Fano 共振和 CD 响应具有不可分割的联系。如果多级共振模式被激发,则沿不同方向的将有更多的磁极子出现,由于位相不同将会产生不同的耦合叠加。

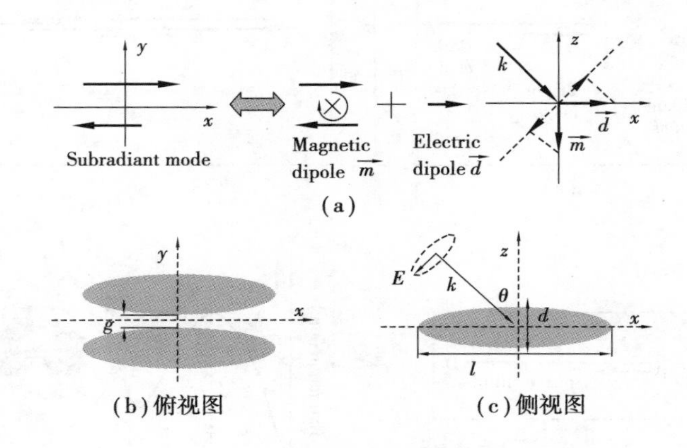


图 5.3 Fano 协助 CD 说明

(a)Fano 增强 CD 响应的电磁响应说明图;

(b)俯视图:纳米米二聚体放置在 $x$-$y$ 平面,其法线方向沿着 $z$ 方向;

(c)侧视图:圆偏光以角度 $\theta$ 斜入射[149]

Fig 5.3 Fano assisting CD illustration, simulation model and The influence of materials on plasmonic CD.

(a)Scheme illustrating the mechanism of Fano assisting CD with electromagnetic responses.

(b)Top view: The nanorice heterodimer located in the $x$-$y$ plane, with its normal direction along $z$ axis.

(c)Side view: CPL illuminated the heterodimer with angle $\theta$.

### 5.1.3 物理模型

根据以上分析,表面等离激元 Fano 共振和 CD 响应有着密切的联系。在此设计纳米米二聚体利用有限元方法进行进一步分析。首先,根据非固有手性响应的特点设计如图 5.3(b)和(c)所示的物理模型,此模型由两个尺寸完全相同但材料不同的纳米米组成异质二聚体,平行放置于 $x$-$y$ 平面,圆偏光沿 $x$-$z$ 平面偏离 $z$ 轴以 45°角斜入射。纳米米的长轴

长设为 $l$,短轴长设为 $d$,两个纳米米之间的间隔为 $g$,整个二聚体放入有效折射率为1.1的统一介质中。采用的材料参数来源于Johnson和Christy的工作。CD的强度定义为"$CD = A^+ - A^-$",其中 $A^+$ 和 $A^-$ 分别为LCP和RCP激发时的消光截面。

## 5.2 Au-Ag纳米米二聚体的Fano共振

为了进一步理解Fano共振和CD响应之间的联系,首先分析图5.3(b)和(c)中所示的纳米米二聚体的表面等离激元Fano共振。表面等离激元杂化理论能很好地解释Fano共振,因此,可利用杂化理论分析纳米米二聚体的Fano共振。由于模型中的两个纳米米的尺寸相同,为了产生Fano共振及CD响应,分别使用两种不同的材料。首先考虑两个纳米米分别由表面等离激元共振中常用的Au和Ag组成Au-Ag纳米米二聚体,设两个纳米米的长轴长为 $l=240$ nm,短轴长为 $d=60$ nm,两颗粒相隔 $g=20$ nm平行放置于折射率为1.1的介质中。首先采用线偏光激发,如图5.4所示。当线偏光斜入射单个Au或Ag纳米米时[分别对应图5.4(a)中的黑色和灰色曲线],由于相位延迟效应,对应的消光谱上均出现两个共振峰。图5.4(a)小插图为Ag纳米米两个共振峰对应的电荷分布(对应的Au纳米米的电荷分布完全一致),由此电荷分布可知,两个共振峰(图中分别标志为 $l=1$ 和 $l=2$)分别为纳米颗粒的偶极共振峰和四极共振峰。同样以线偏光斜入射Au-Ag纳米米二聚体时,得到的消光谱如图5.4(b)所示,我们可以清楚地看到消光谱上出现了4个共振峰,且这4个峰具有明显的非对称性,因此由于颗粒之间的耦合产生了Fano共振。为了更好地理解Fano共振的形成过程,我们采用了杂化模式进行分析。

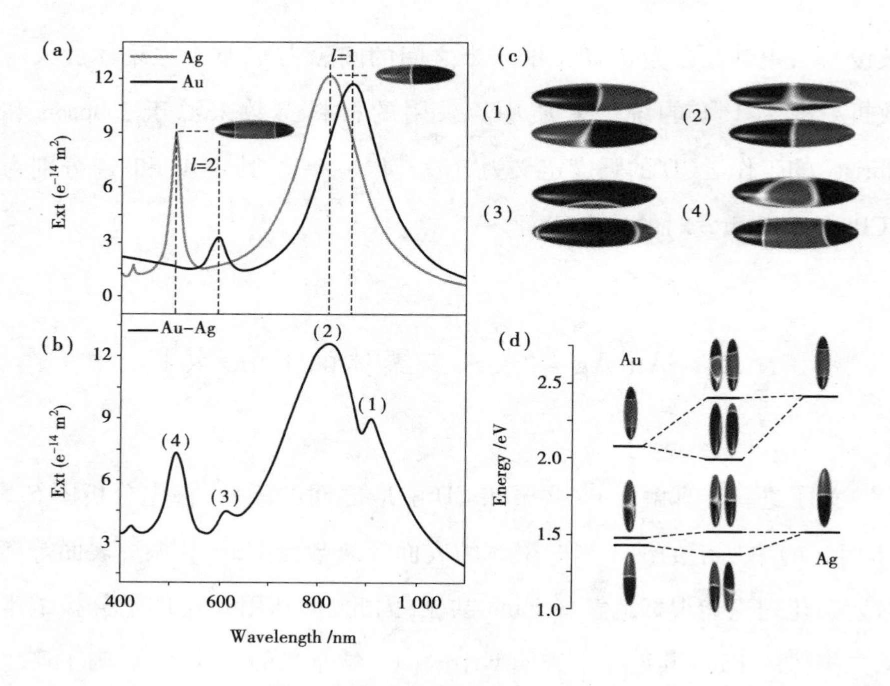


图 5.4　杂化模式和 Fano 共振分析

(a)单个纳米米的消光谱(黑色:Au 纳米米,灰色, Ag 纳米米)和对应的 Ag 纳米米的偶极和四极电荷分布;

(b)Au-Ag 纳米米二聚体的消光谱;(c)对应(b)图中各杂化峰的电荷分布;

(d)Au-Ag 纳米米二聚体的杂化能级图[149]

Fig 5.4　The analysis of hybrid modes and Fano resonance.

(a)Extinction spectra of individual nanorices (black, Au nanorice; gray, Ag nanorice) and the surface charge density distributions for dipole and quadrupole modes of Ag nanorice.

(b)Extinction spectrum of Au-Ag nanorice heterodimer.

(c)Surface charge density distributions for hybridized Plasmonmodes [marked by numeral in (b)].

(d)Energy-level diagram describing the Plasmon hybridization of the Au-Ag heterodimer.

图 5.4(c)给出了二聚体 4 个共振峰[见图 5.4(b)]对应的电荷分布图,其中并列在上面的为 Au 纳米米,下面的为 Ag 纳米米。图 5.4(d)中给出了相应的杂化能级图,左右分别为 Ag 和 Au 纳米米两个共振峰的电荷分布,中间对应二聚体 4 个峰处的电荷分布,左边的纵坐标为各峰对应的能

级坐标。由这两个图可以清晰地看到共振峰 1 是 Au 和 Ag 纳米米的偶极绑定模式，共振峰 2 是 Ag 的偶极模式和 Au 的四极模式的绑定模式。但这里 Au 的四极模式是旁边的 Ag 纳米米诱导产生的，这个模式更像是 Ag 偶极模式和 Au 偶极模式的反绑定模式。但是诱导的小的四极子使其能量相对偶极子有所降低。共振峰 3 是 Ag 四极子和 Au 四极子的绑定模式，而峰 4 则是两个四极子的反绑定模式。从电荷分布可知，峰 1 和峰 3 是次级暗态模式，而峰 2 和峰 4 则是亮态模式。暗态模式和亮态模式的叠加形成了 Fano 共振线型。正如图 5.3(a)所示，这样的构型中所有的暗态模式等效于一个电偶极子加上一个磁偶极子，从而产生表面等离激元手性响应。因此，金属纳米米结构所形成的磁偶极子既可以产生 Fano 响应也可以产生 CD 响应。当 Fano 共振很强时，这个系统具有很强的磁偶极矩，从而产生很强的 CD 响应[$\propto Im(\boldsymbol{d}\cdot\boldsymbol{m})\times Im(\boldsymbol{E}^{*}\cdot\boldsymbol{B})$]。在这个构型中，所有的暗态模式都会产生很强的磁偶极矩，但是有些很难和电偶极子耦合。从这个角度来看，第 3 章的矩形劈裂环结构容易产生强烈的 CD 响应。

## 5.3　其他参数对 CD 响应的影响

### 5.3.1　不同材料对表面等离激元手性的影响

根据以上分析，由于 Fano 共振和 CD 响应的产生及联系都是由表面等离激元的共振性质决定的，而材料是等离激元共振的重要决定因素之一，同样形状的颗粒如果材料不同，也会对 Fano 共振和 CD 响应的特性产生很大影响。因此，接下来讨论不同组成材料对表面等离激元 Fano 共振及 CD 的影响。设纳米米二聚体的材料组合分别为 Au-Au，Au-Ag，Au-$TiO_2$，Au-$SiO_2$，Au-$Al_2O_3$。如图 5.5(a)所示，当两个纳米米材料相同时(Au-Au)，左旋偏光和右旋偏光激发的消光谱完全重合，因此 CD 值为零，二聚体不显示手性。由于相位延迟效应，产生了 Fano 共振，特别是高能量部分，出现明显了的 Fano 线型。当材料为 Au 和 Ag 时[见图 5.4(b)]，LCP 和 RCP 所激发的消光谱在 4 个共振峰处有很大的差异，显示出强烈的手性响应。同时，由于相位延迟及颗粒间的耦合效应，共振峰处出现了明显的 Fano 共振。当 Au 和其他不同材料组成的二聚体在圆偏光激发下的消光谱在 4 个共振峰处都显示出不同程度的差异，如图5.5(c)至图 5.5(e)所示，因此都有手性响应。但由于电介质内自由电子数目有限，因此耦合效应不如 Au-Ag 组合强，对应的 Fano 共振也相对比较弱。为了比较不同材料组合对 CD 响应的影响，图 5.6(a)中给出了各种材料组合对应的 CD 谱，从图中可以清晰地看到，当纳米米二聚体由 Au 和 Ag 组成时，CD 响应最强，有 4 个明显的 CD 峰，如图中点虚线所示。Au-Au 组合时 CD 值恒为零，如图中虚线所示，由于具有结构的对称性，因此没有手性响应。当组成材料为 Au-$TiO_2$，Au-$SiO_2$，Au-$Al_2O_3$ 时，均有 3 个 CD 峰，只是相对比较弱。为了更好地理解 CD 的产生机制，画出 RCP 激发下不同材料组合对应 CD 峰处的电荷分布图[对应图 5.6(a)中相同圆圈所标注峰值处的波长]，如图 5.6(b)所示。在图 5.6(b)中的电偶极矩用箭头表示，磁偶极矩用圆形箭头表示。由图可知，对于 Au-Au 纳米米二聚体，只有电偶极矩响应，没有磁偶极矩，因此没有 CD 响应。因为两个相同的电偶极矩使次级模式变成完全的暗态而不能被激发。而其他由不同材料组成的二聚体既有电偶极矩也有磁偶极矩被激发，两者之间的相互作用导致强烈的 CD 响应。但值得注意的是，只有电偶极矩和磁偶极矩还不能产生 CD 响应，斜入射使电偶极矩和磁偶极矩在垂直于入射波平面有分量也是手性响应的必要条件。相对而言，Au-Ag 纳米米二聚体相对于其他电介质有更多的自由电子，因此，有更强的表面等离共振效应，从而产生更强的 CD 响应。因此，在下面的研究中，主要研究 Au-Ag 纳米米二聚体。

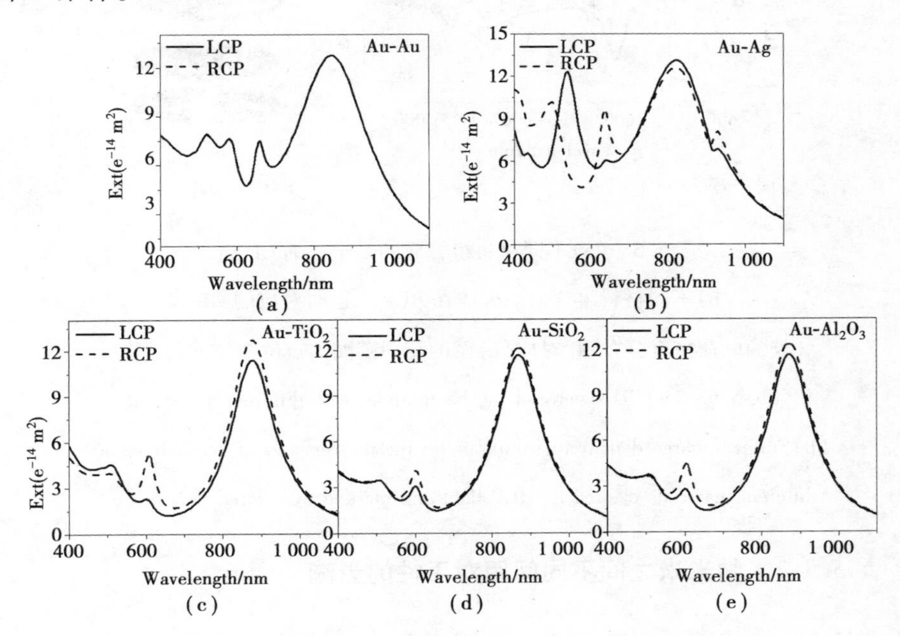


图5.5　不同材料对表面等离激元共振的影响。不同材料组成的二聚体在圆偏光激发下的消光谱[149]

($l=240$ nm, $d=60$ nm, $g=10$ nm, $\theta=\pi/4$)

(a) Au-Au；(b) Au-Ag；(c) $Au-TiO_2$；(d) $Au-SiO_2$；(e) $Au-Al_2O_3$

Fig 5.5　The influence of materials on plasmon resonance. Extinction spectra of the heterodimer with different materials ($l=240$ nm, $d=60$ nm, $g=10$ nm, $\theta=\pi/4$) excited by CPL (solid: LCP, dash: RCP).

(a) Au-Au; (b) Au-Ag; (c) $Au-TiO_2$; (d) $Au-SiO_2$; (e) $Au-Al_2O_3$.

CPL: circularly polarized light.

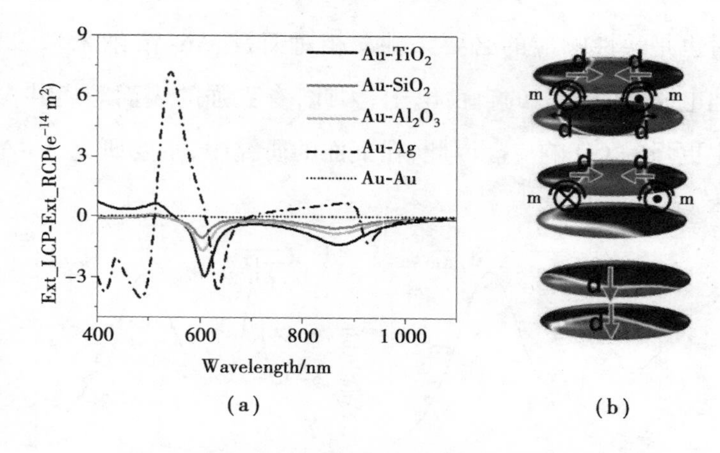


图 5.6 (a)不同材料组合成的二聚体的 CD 谱；(b)不同材料组合的二聚体在 RCP 入射时对应的 CD 峰处的电荷密度分布图[对应(a)图的相同圆圈的点位置处波长][149]

Fig 5.6 (a) CD spectra of the heterodimer with different materials. (b) Surface charge density distributions for the thre emodes of heterodimer with different materials excited by RCP light and marked by colored dots in (a).

## 5.3.2 纳米米之间不同间距对手性的影响

从 5.3 节的杂化分析图中可知，Fano 共振和二聚体之间的间距息息相关，随着距离的增加，两基本模式之间的相互作用将减弱，且两峰(如峰 1 和峰 2、峰 3 和峰 4)之间的间距将变小。同时随着间距的增加，磁偶极矩将会减小，从而使 CD 随之减小。因此，在图 5.7 中分析了不同间距对 Fano 共振及 CD 响应的影响。如图 5.7(a)所示，当两个纳米米之间的间距从 10 nm 增加到 50 nm 时，消光谱中的共振峰蓝移，消光谱的强度变化不大且没有明显的规律性。相对而言，由图 5.7(b)可知，CD 响应随间距的变化较大，随着间距的增加 CD 值逐渐减小且对应的峰位蓝移。为了定量分析两纳米颗粒之间的间距对 Fano 共振及 CD 的影响，我们选择 RCP 激发时的消光谱中最明显的非对称峰[峰 4，如图 5.7(a)中箭头对

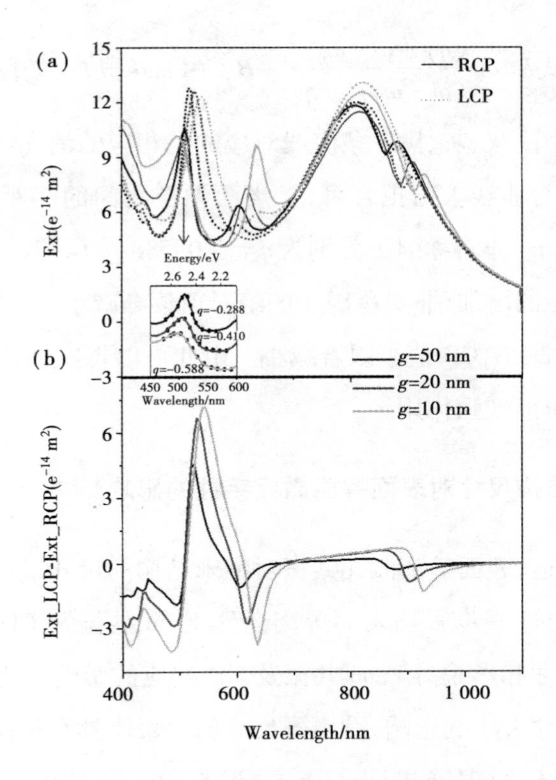


图5.7 两个纳米米间距不同时对应的手性响应

(a)不同间距的Au-Ag纳米米二聚体在LCP和RCP入射下的消光谱(浅灰色:$g=10$ nm,灰色:$g=20$ nm,黑色:$g=50$ nm),插图为RCP激发下不同间距对应的消光峰值及Fano拟合曲线(点线),$q$值反应峰的非对称性;(b)不同间距的Au-Ag纳米米二聚体的CD谱[149]

Fig 5.7 Optical activity with different gaps between the two nanorices.

(a) Extinction spectra of the Au-Ag dimer($l=240$ nm, $d=60$ nm) with $g=10$ nm (French gray), 20 nm (gray) and 50 nm (black) under LCP and RCP excitation. The inset shows the Fano fitting (dash line) of the indicated peaks for different gaps excited with RCP. The $q$ values reflect the asymmetry of the peaks.

(b) The CD spectra of the Au-Ag heterodimer with different gaps.

应处]通过公式$I = A\dfrac{(q\gamma+\omega-\omega_0)^2}{(\omega-\omega_0)^2+\gamma^2}+B$做 Fano 拟合,如图 5.7(a)中的插图所示,其中浅灰、灰、黑 3 条底线对应的是相应的消光谱曲线,上面重叠的点线为拟合曲线。由拟合可得,当两颗粒之间的间距分别为 10,20 和 50 nm 时,Fano 非对称因子分别为 $q = -0.588, -0.410, -0.288$,由此可知,随着间距的增加,非对称因子的绝对值逐渐减小。而随着非对称因子(绝对值)的减小,CD 值也跟着减小。由此可以再次证明,Fano 共振对 CD 响应有着协助增强作用。

### 5.3.3 结构尺寸对表面等离激元手性的影响

我们都知道,表面等离激元共振对纳米结构的尺寸、形貌等都非常敏感,这些因素将进一步影响表面等离激元 Fano 共振及 CD 响应。因此,接下来讨论尺寸和形貌对 Fano 共振及 CD 响应的影响。为了简化模型,先研究总体尺寸大小的影响,设不同尺寸的二聚体具有相同的纵横比($l/d=4$),两纳米米之间的间距为 10 nm。图 5.8(a)中给出了线偏光斜入射不同尺寸[尺寸用 $l(d)$ 表示,分别为 120(30)(浅灰色曲线),200(50)(灰色曲线),280(70)(黑色曲线)]的单个纳米米的消光图,其中实线为 Ag 纳米米的消光谱,虚线为 Au 纳米米的消光谱。由图可知,随着尺寸的增加,表面等离激元的共振模式特别是四极模式强度明显增加,且共振峰位置明显红移,同时偶极子和四极子的距离逐渐增加。两种不同材料组成的纳米米的消光谱变化趋势一致。由此可以推知,当 Au 和 Ag 纳米米的尺寸同时增加时,其杂化模式将红移,其消光谱的高阶模式将显著增强且 Fano 线型的非对称性也将更加明显。图 5.8(b)证明了这个推论。图5.8(b)为在圆偏光激发下不同尺寸 Au-Ag 纳米米二聚体的消光谱,其中虚线为左偏光所激发的消光谱,实线为右偏光所激发的消光谱。除了上面的推论外,由图 5.8(b)还可以看出,左旋光入射和右旋光入射时消光谱

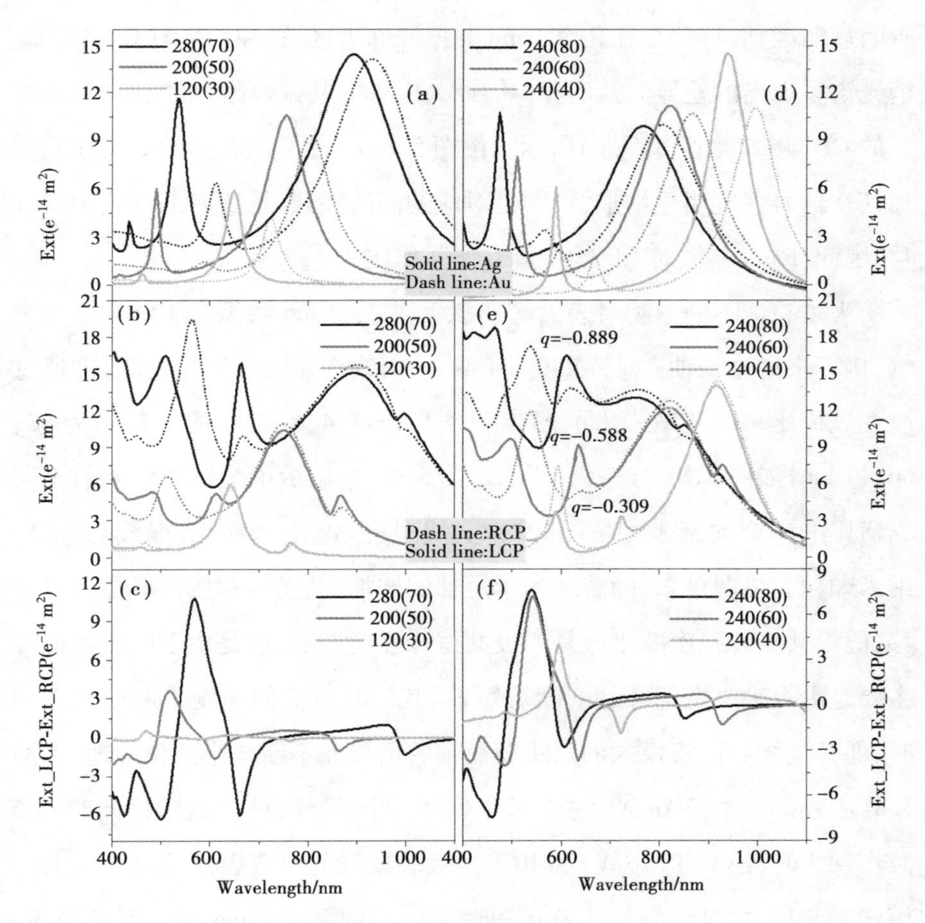


图 5.8　结构因子对表面等离激元 CD 的影响

(a)不同大小尺寸的单个 Au 和 Ag 纳米米在线偏光斜入射时对应的消光谱；
(b)Au-Ag 纳米米二聚体在左旋偏光(虚线)和右旋偏光(实线)激发下的消光谱；
(c)Au-Ag 纳米米二聚体的 CD 谱；
(d)不同纵横比的单个 Au(虚线)和 Ag(实线)纳米米在线偏光斜入射时对应的消光谱；
(e)不同纵横比的 Au-Ag 纳米米二聚体在左旋偏光(虚线)和右旋偏光(实线)激发下的消光谱,图中的 $q$ 值为拟合的 Fano 峰的非对称因子；
(f)不同纵横比的 Au-Ag 纳米米二聚体 CD 谱[149]

Fig 5.8　The effect of the structure factors on plasmonic CD. (a) The extinction spectra of individual Ag nanorice excited by linear polarized light. (b) The extinction spectra of Au-Ag heterodimer excited by LCP and RCP light. (c) The CD spectra for Au-Ag heterodimer. (d) The extinction spectra of single Ag nanorice excited by linear polarized light. (e) The extinction spectra of Au-Ag heterodimer excited by LCP and RCP light. The inset shows the Fano fitting of the indicated peaks for different aspect ratio excited with RCP. The $q$ values reflect the asymmetry of the peaks.
(f) The CD spectra for Au-Ag heterodimer.

有明显的区别,特别是在几个 Fano 共振峰邻近区域,在高阶峰处,左右旋消光谱呈现出的差异尤其明显。因此,在 Fano 共振峰附近区域出现了明显的 CD 响应,如图 5.8(c)所示。由图 5.8(c)还可以看出随着尺寸的增加,CD 信号强度明显增加,特别是对应的高阶模式,且所有的峰位相对红移,因此,Fano 共振对 CD 响应具有增强作用。

为了验证不同形貌对表面等离激元共振、Fano 共振和 CD 响应的影响,接下来讨论长轴 $l$ 保持 240 nm 不变,而改变短轴长度的情况,即通过改变纵横比来改变纳米米的形貌。令 $l/d=3,4,6$,对应的 $d$ 分别为 80,60,40 nm,如图 5.8(d)—(f)所示。图 5.8(d)显示了线偏光斜入射不同纵横比的单个纳米米的情况,其中实线对应 Ag 纳米颗粒,虚线对应 Au 纳米颗粒。由图可知,随着纳米米短轴的增加,偶极峰和四极峰都相对蓝移,偶极共振峰强度减小但是四极共振峰强度增加,这是由于四极共振峰主要是由短轴决定的,因此,随着短轴的增加,对应的强度不断增加。同时,偶极模式和四极模式的间距随短轴的增加而不断减小。相应地,如图 5.8(e)所示,对于 Au-Ag 纳米米二聚体,当两个颗粒的纵横比同时从 6 减小到 3 时,由 LCP(虚线)和 RCP(实线)激发的所有表面等离激元共振模式都蓝移,并且随着长波模式和短波模式的叠加 Fano 共振不断加强。同时,由图 5.8(f)可知,随着 Fano 共振的增强,CD 响应也相应增强。为了像图 5.7 一样定量描述 Fano 共振对 CD 的增强作用,我们选择相似尺寸($l=240$ nm)的 Au-Ag 纳米米二聚体在 RCP 激发下的消光谱作 Fano 拟合,通过拟合得到短轴分别为 80,60,40 nm 时,Fano 共振的非对称因子分别为$q=-0.889$, $-0.588$, $-0.309$,即随着短轴的减小,非对称因子的绝对值也逐渐减小,即对应的 Fano 共振减小。而从图 5.8(f)中可知,随着非对称因子(绝对值)的减小,对应的 CD 响应也随之减弱,这和图 5.7 所得的结论是完全一致的,再次证明了 Fano 共振对 CD 响应的增强作用。

表面等离激元 Fano 共振和 CD 响应都可看成是电偶极子与磁偶极子相互作用的结果,因此,在具有非对称性(或手性)结构中,通常同时产生 CD 响应和 Fano 共振。本章设计了由尺寸相同材料不同的两个纳米米组成的二聚体模型,通过入射光的斜入射获得了强烈的 Fano 共振和 CD 响应,详细分析了二聚体的 Fano 共振特性及 CD 响应特性,以及两者之间的联系。

通过对线偏光入射情况下 Au-Ag 纳米米二聚体产生的 Fano 共振进行了杂化模式分析,发现通过二聚体可以获得高阶 Fano 共振,并通过杂化能级图对各个共振模式的耦合情况进行了详细说明。

通过对不同材料组成的二聚体进行分析,发现 Fano 共振及 CD 响应特性均与材料有关。当两个纳米米材料相同时,结构具有对称性,在入射光的激发下只会诱导电偶极矩,没有磁偶极矩,所以没有 CD 响应,但由于相位延迟效应,所以有 Fano 共振。而其他的由不同材料组成的二聚体均有 CD 响应。相对而言,当二聚体由 Au 和 Ag 两种材料组成时,由于相对于其他电介质有更多的自由电子,因此有更强的表面等离激元共振效应,从而产生更强的 CD 响应,对应的 Fano 共振也更强。

通过改变两个纳米颗粒之间的间距,发现随着间距的增加,两颗粒之间的耦合变弱,相应的 Fano 共振减小,通过拟合发现对应的 Fano 共振非对称因子 $q$(绝对值)随之减小,同时,相应的 CD 响应也减弱。

研究发现,随着纳米颗粒尺寸的增加,CD 信号强度明显增加,特别是对应的高阶模式,且所有的峰位相对红移。而当长轴不变,使短轴不断减小,即纵横比不断增加时,Fano 共振随之减弱,对应的非对称因子 $q$(绝对值)也不断减小,对应的 CD 响应也减小。

# 第 6 章

# 表面等离激元的手性传感特性研究

## 6.1 表面等离激元的传感特性

在过去的几十年里，为了实现对生物和化学的定量研究，人们研究了多种光学传感器，如拉曼光谱、椭圆偏光法、荧光光谱、波导光谱法和干涉测量法等。表面等离激元共振对其周围环境折射率的变化非常敏感，从而为实现生物传感提供了一种新方法。在20世纪80年代，Liedbderg等科学家在研究中利用表面等离激元实现了对气体探测和免疫球蛋白与抗体反应的研究，使表面等离激元生物传感成为表面等离激元的研究热点，随后研究者们进行了大量的理论和实验研究[139, 140]。表面等离激元共振传感主要是利用表面等离激元共振信号强度、偏振、位相以及激发角等参数随分析物相应变化来进行分析的。相对其他传统光学传感器，表面等离激元共振具有灵敏度高和分辨率高的特点。

2003年,McFarlangd等人提出利用局域表面等离激元共振所引起的吸收峰位置随环境介质折射率的变化而变化来进行生物传感研究。并利用银纳米颗粒从氮气移动到苯,实现了共振峰移动近100 nm。随着表面等离激元共振研究的不断发展,人们发现表面等离激元Fano共振的强局域特性和共振峰线宽较窄的特点可以使其对环境介质的敏感性增加,因此,可以利用Fano共振极大地增强拉曼散射信号和提高生物传感的灵敏度。2008年,Hao等研究人员通过理论和实验研究发现利用入射光倾斜入射时,由于相位延迟效应可以产生Fano共振,随后他们利用圆盘和圆环的耦合效应,将Fano共振的传感品质因此提高到8.34[141]。2012年,Zhang等利用月圆盘和月牙结构及相邻的不同尺寸的圆环结构等实现了高阶的Fano共振,进一步提高Fano共振的调谐性及传感品质因子。2013年,Huo等利用棒-同心矩形环盘结构实现了高阶Fano共振,将品质因子提高到15。但这些结构往往不是盘-环结构就是三维的多层金属-原子结构,制作和合成时工艺往往比较复杂,同时加上多层结构可能导致更多的能量损失,想要得到比较尖锐的共振峰仍然比较困难。因此人们迫切希望寻求一些简单的金属纳米结构以获得较强的Fano共振及较高的品质因子。

除了以上提及的表面等离激元局域共振和Fano共振具有传感特性以外,表面等离激元手性响应的一个重要应用也是用于传感、探测等领域。最近的理论和实验研究表明,表面等离激元结构可以大大地增强远场CD响应以及产生超手性场从而有效地增加手性信号。Han等在研究中证明表面等离激元手性结构可以选择性地增强手性分子信号。由第3章和第5章的分析可知,在矩形劈裂环和Au-Ag纳米米二聚体中共振模式对LCP和RCP的响应有很大的不同,有的甚至达到100%。因此,表面等离激元的手性响应可以有效地用于手性分子传感。同样地,手性分子对 LCP 和 RCP 的不同响应将产生不同的介电常数。因此,CD 响应可以用于传感和区分目标分子的手性,同时还可以用于其他传感领域。

本章中利用第 5 章的 Au-Ag 纳米米二聚体模型研究其 Fano 共振及远场 CD 响应对环境的敏感性及第 3 章的矩形劈裂环模型研究手性分子的近场传感特性,以期为表面等离激元 Fano 共振传感器和手性 CD 传感器及近场传感的设计提供理论参考。

## 6.2 表面等离激元 Fano 共振传感特性

由于局域表面等离激元共振频率可通过金属纳米颗粒的尺寸及形貌来调节,在可见光和近红外光波段具有很强的可调谐性,因此在不同波段中统一利用共振峰的移动定义传感灵敏度可能导致在不同的波段相差很大。为了更加准确地描述金属纳米颗粒在不同光谱范围内的传感灵敏度,Duyne 等人通过引入品质因子(Figure of Merit, FOM)定义了不同波段的传感灵敏度,其定义如下:

$$\mathrm{FOM} = \frac{\mathrm{d}\lambda_{\mathrm{p}}}{\mathrm{d}n \times \Delta\lambda} \tag{6.1}$$

其中 $\lambda_{\mathrm{p}}$ 是对应的共振峰波长(包括局域共振、Fano 共振及 CD 响应),$n$ 为金属纳米颗粒所处的周围环境介质的折射率,$\Delta\lambda$ 为共振峰的半高峰宽。由式(6.1)可知,在一定条件下可通过减小峰宽来获得较高的品质因子。在本章中,使用此品质因子来衡量金属纳米颗粒在不同波段所表现出的传感特性。

由前面几章的分析可知,利用金属纳米颗粒的对称性破缺可以获得 Fano 共振及 CD 响应,通过 Fano 共振可以获得强局域场以及尖锐的共振峰,而 CD 共振同样具有带宽窄及手性选择性,因此,在本节中对第 4 章中设计的 Au-Ag 纳米米二聚体的 Fano 共振的传感特性进行了研究。

根据前面的研究可知,利用入射光倾斜入射到尺寸相同的 Au-Ag 纳米米二聚体时可以引起 Fano 共振,为了研究此 Fano 共振对环境的敏感性,将 Au-Ag 纳米米二聚体[如图 5.3(b)和(c)所示,$l$ = 240 nm,$d$ = 60 nm,$g$ = 10 nm]放入同一的环境介质中,使其折射率从 1.1 逐渐增加至 1.4,分别研究线偏光入射和圆偏光入射时 Fano 共振的品质因子。

如图 6.1(a)所示,当以线偏光斜入射二聚体时,可以观察到 4 个非对称峰,这里主要研究其中两个相对较强的共振峰,如图中所示的 mode 1 和 mode 2。由图可知,当环境折射率不断增加时,所有共振峰相对红移,且 mode 1 的共振峰强度不断增加,而半高宽度却不断减小。相对而言,

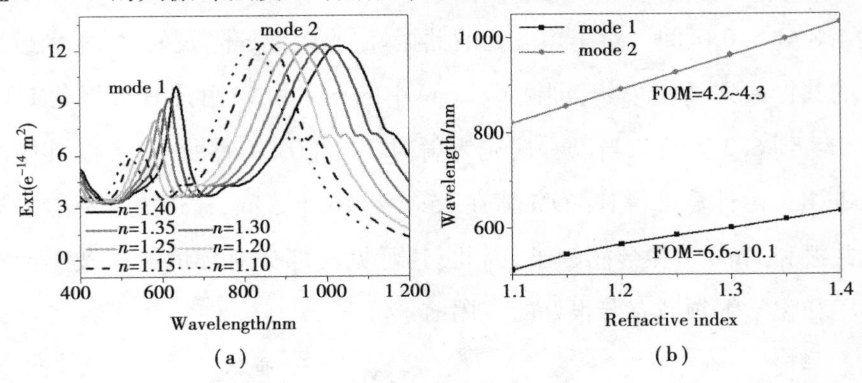


图 6.1　线偏光所激发的 Fano 共振对环境的敏感性

(a) Au-Ag 纳米米二聚体在线偏光激发下的消光谱随折射率的变化;

(b) Fano 峰位与折射率之间的线性关系及对应的 FOM 值[149]

Fig 6.1　Sensitivity of the Fano resonances illuminated with linear polarized light to the surroundings. (a) Extinction spectra of Au-Ag heterodimer in different surroundings excited by linearly polarized light. (b) Linear plot of resonance peak shifts of different order modes as a function of refractive index $n$. FOM of each mode is calculated.

mode 2 的共振峰强度基本不变,只是峰位不断红移。图 6.1(b)中描绘了 mode 1 和 mode 2 的共振峰位波长随折射率变化而变化的情况,并根据式(6.1)计算了两个模式对应的品质因子。由计算可知,mode 1 的 FOM 在 6.6~10.1 区间,而 mode 2 的 FOM 在 4.2~4.3 区间,由此可知,短波段的 mode 1 对环境因子更为敏感。

而当以左右旋偏光入射时,随着环境折射率的增加,所有的峰位相应红移,如图 6.2 所示。长波处的响应模式(mode L2 和 mode R2)基本一致,但短波处的 Fano 线型有很大的差别,这里只考虑它们对环境的敏感性。同样只针对两个强度较强的共振峰,分别 LCP 激发的 mode L1,mode L2 及 RCP 激发的 mode R1,mode R2,由图 6.2(a)和(c)可知,mode L2 和 mode R2 基本一致;由图 6.2(b)和(d)可知,这两个模式的 FOM 分别都在 4.8 到 5.0 区间。对于短波处的共振峰,当以左偏光入射时,能量最高处的共振模式清晰可辨,即图 6.2(a)中的 mode L1,由计算可得其 FOM 在 5.8 到 6.2 区间。当以右偏光入射时,如图 6.2(c)所示,考虑其中的 mode R1,由计算可得其 FOM 值在 15.0 到 16.1 区间,这远大于一般的局域共振和 Fano 共振传感因子,因此,其可见光部分对环境的高敏感性在环境和化学等领域有着很好的应用前景。

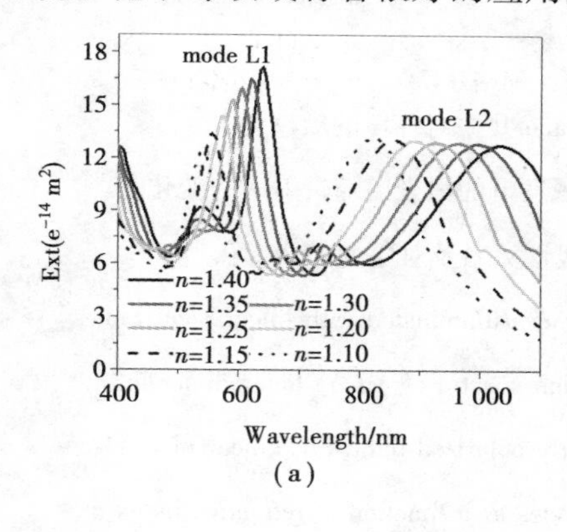

(a)

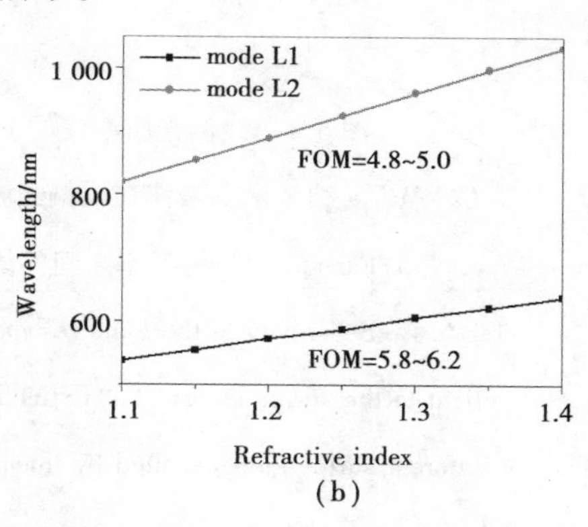

(b)

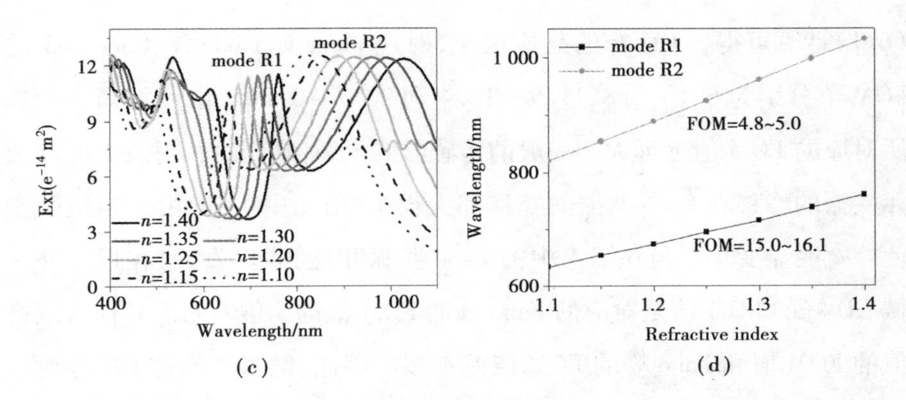


图 6.2　左右旋偏振光激发的 Fano 共振对环境的敏感性

Au-Ag 纳米米二聚体在左旋偏光(a)和右旋偏光(c)激发下的消光谱随折射率的变化;

(b, d) Fano 峰位与折射率之间的线性关系及对应的 FOM 值[149]

Fig 6.2　Sensitivity of the Fano resonances illuminated with circularly polarized light to the surroundings. (a, c) Extinction spectra of Au-Ag heterodimer in different surroundings excited by LCP and RCP. (b, d) Linear plot of resonance peak shifts of different order modes as a function of refractive index $n$ (LCP and RCP, respectively). FOM of each mode is calculated.

## 6.3　表面等离激元的手性传感特性

### 6.3.1　Au-Ag 纳米米二聚体 CD 传感特性

表面等离激元手性结构不但可以选择性地增强手性分子信号,其远场 CD 响应通常对环境介质也同样敏感,因此,接下来分析 CD 谱在不同折射率介质中的变化情况。通过模拟,得到 Au-Ag 纳米米二聚体的 CD 谱如图 6.3 所示。由图 6.3(a)可知,CD 谱在可见光到近红外波段有 3 个明显的响应峰,如图所示的 mode 1,mode 2 及 mode 3。同样由公式

(6.1)计算可得各 CD 峰的品质因子,对应 mode 1,mode 2 及 mode 3 的 FOM 值分别为 6.1 ~ 6.8,11.9 ~ 12.4 和 20.7 ~ 21.6。由此可知,CD 峰所对应的 FOM 值远远大于一般的传感器的灵敏值,同时相对表面等离激元共振的峰移和 Fano 共振的峰移都大很多,由图中可知,由于相位改变使峰宽明显变小。与 6.2.1 中的 Fano 共振相比,我们发现,在近红外区域 CD 峰的 FOM 值是对应的 Fano 峰的 FOM 值的 5 倍左右。其他区域峰值的 FOM 值和 Fano 峰的 FOM 值差不多。因此,纳米二聚体 CD 峰对环境的高敏感性使其在可见光区域及近红外光区域的环境和化学、生物等领域有很多的潜在应用。

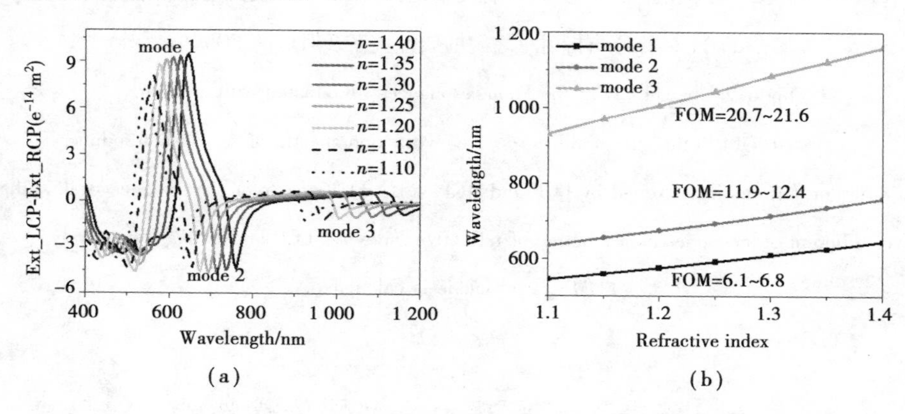


图 6.3 Fano 增强的 CD 谱对环境的敏感性

(a) Au-Ag 纳米米二聚体($l = 240$ nm, $d = 60$ nm, $g = 10$ nm)在不同环境中的 CD 谱;

(b) CD 峰位与折射率之间的线性关系及对应的 FOM 值[149]

Fig 6.3 Sensitivity of the Fano assisting CD to the surroundings.

(a) CD spectra of Au-Ag heterodimer ($l = 240$ nm, $d = 60$ nm, $g = 10$ nm) in different surroundings.

(b) Linear plot of CD peak shifts of different order modes as a function of refractive index $n$. FOM of each mode is calculated.

### 6.3.2 矩形劈裂环近场手性传感特性研究

利用表面等离激元的局域增强效应可以提高手性分子的近场响应,

从而提高手性分子的检测和标定，这已成为近年来人们关注的一个热点问题[142-144]。2010年，Tang等研究了手性材料与物质的相互作用[60]。同年，基于大生物分子大多数都是手性分子，手性超构材料可大大提高手性分子附近的场分布，从而提高手性分子的检测和标定，Hendry等在实验上实现了生物分子的超灵敏检测和标定。2012年，Schaferling提出利用简单的方形结构通过线偏光产生近场手性响应[145]。2014年，通过理论证明，金属螺旋结构可以在螺旋体内部产生统一的手性场，可以用于分子分析和传感等领域，但这种螺旋结构在制作方面仍面临着很大的困难[146]。2015年，Tian等利用矩形二聚体实现了在间隔处产生统一的手性场，且平均手性增加因子高达30倍[147]。因此，人们不断致力于寻求一些简单的金属纳米结构以获得强烈的超手性场。到目前为止，人们获得表面等离激元超手性场增加主要通过以下几种方式：表面等离激元手性结构在圆偏光的激发下产生近场手性；非手性结构在圆偏光的激发下产生近场手性；还有一种是特殊的金属纳米结构在线偏光的作用下产生超手性场。本节利用第2章中研究的非手性的矩形劈裂环模型[见图3.2(a)和(b)]，研究其在圆偏光的激发下产生的超手性场特性。

为了定量地研究表面等离激元共振对手性分子的增强作用，我们定义光学手性$C$来进行描述，这是一个时域赝标量，表示为：

$$C=\frac{\varepsilon_0}{2}\boldsymbol{E}\cdot\nabla\times\boldsymbol{E}+\frac{1}{2\mu_0}\boldsymbol{B}\cdot\nabla\times\boldsymbol{B}\tag{6.2}$$

其中，$E$和$B$分别为局域电场和磁场，这个概念最早是在1964年提出的，但当时仅限于数学分析而没有明确的物理意义。然而，现在人们发现光学手性和手性分子的CD信号成比例，即

$$\Delta A=G''(C^{+}-C^{-})=2G''|C_{\mathrm{CPL}}|\tag{6.3}$$

只是对于手性分子而言，这里的电-磁极化率$G''$是一个固定值，$C_{\mathrm{CPL}}=$

$\pm\frac{\varepsilon_0\omega}{2c}E_0^2$ 是电场振幅为 $E_0=1$ V/m 时，RCP 和 LCP 对应的光学手性。

利用表面等离激元结构增加分子的手性检测，手性分子的吸附域的近场手性积分决定了 CD 信号。因此，近场手性的增加因子 $\hat{C}=C/|C_{\mathrm{CPL}}|$ 也是必须考虑的。而整个手性场的增加为手性分子所在区域的手性谱的体平均，可通过以下公式进行计算。

$$\langle\hat{C}\rangle=\frac{1}{V}\int_V\hat{C}\cdot\mathrm{d}V \tag{6.4}$$

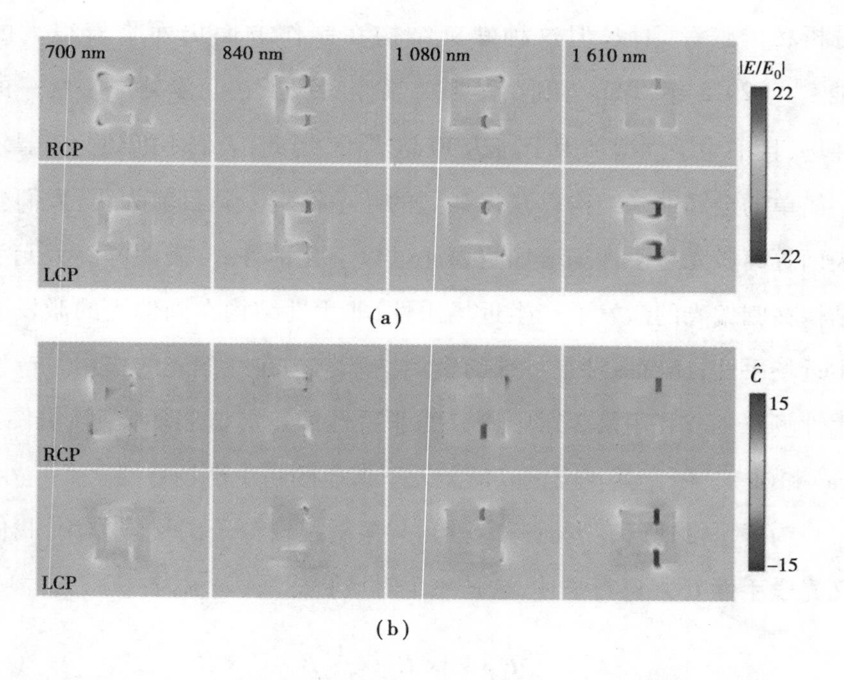


图 6.4　矩形劈裂环在圆偏光的激发下对应 4 个 CD 峰处的电场和手性场的增加分布

(a)电场增加；(b)手性场增加[148]

Fig 6.4　Enhancement distributions of electric field intensity and chirality.

(a) The electric field enhancement and (b) chiral field enhancement of the structure in Fig 3.2 at the four resonant peaks under RCP and LCP illumination.

在第 3 章的研究中我们知道，当以线偏光倾斜入射非对称矩形劈裂环时,可以产生 CD 响应。在此基础上,研究矩形劈裂环在圆偏光激发下的超手性场分布及其在近场手性传感方面的应用。由图 3.2(c)和 3.2(d)可知,在圆偏光的入射下,矩形劈裂环有 4 个明显的 CD 峰,下面分析用这 4 个峰值对应的波长激发下劈裂环的局域电场增加和超手性场增加,如图 6.4 所示,图为矩形劈裂环厚度中心的切片图。图 6.4(a)上半部分和下半部分分别为劈裂环在 RCP 和 LCP 激发下 4 个共振峰处对应的电场增加图,由耦合理论可推知,电场在劈裂处应有明显的增加,而图中所示正是如此。从图中还发现一个有趣的现象,劈裂环的两个间距间电场的增加具有一定的手性和共振模式选择性。例如,上面劈裂处电场在以 1 610,700 nm 的右偏光激发时电场明显增强,以 1 080 nm 的左偏光激发时电场也明显增强;而下面劈裂处以 1 080 nm 的右偏光激发时电场明显增加。这种电场的圆偏光选择性增加在光催化方面有着潜在应用。相对而言,一个更有趣的现象和重要应用是该结构在劈裂间隔处有明显的左旋偏光和右旋偏光手性选择性,如图 6.4(b)所示,其上半部分和下半部分分别对应 RCP 和 LCP 激发时的手性增强图。由图可知,上面间隔处以波长为 1 610,840 nm 的右偏光激发时手性场有明显增强,而以 LCP 激发时在 1 080,840 nm 两个波长处手性场明显增强。下面劈裂处手性场以 1 080 nm 的 RCP 激发时和以 1 610 nm 的 LCP 的激发时明显增加。如果关注同一个 CD 共振峰,如在波长 1 610 nm 处,RCP 在上面间隔处激发较强的手性场而 LCP 在下面间隔处激发较强的手性场,在 1 080 nm 处情况则刚好相反。这种手性场选择切换性在手性分子传感和催化等方面特别有用。因为在大多数传统的表面等离激元结构中手性场的增加,往往是对 LCP 和 RCP 同时增加,而在这个结构中,在 1 610 nm 峰处,上面间隔处对应右超手性场($C^-$),下面间隔处对应左手性场($C^+$);相反地,在 1 080 nm 峰处,上面为 $C^+$ 场而下面为 $C^-$ 场。在实际应用中,通常希望左

手性分子信号被 $C^+$ 场增加,而右手性分子的 $C^-$ 场增加。因此,这里的手性场选择性增加可以同时应用于手性化学反应催化和手性检测中。

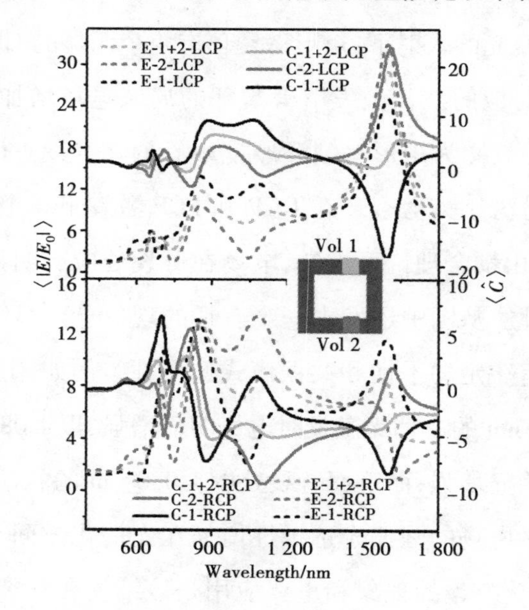


图 6.5　劈裂环在 LCP(a)激发下和 RCP(b)激发下的电场和手性场增加因子的体积平均值随波长的变化谱[148]

Fig 6.5　Volume-averaged electric field and chiral field enhancement under LCP (a) and RCP (b) illumination.

为了更加直观和清晰地观察矩形劈裂环对电场和超手性场的手性选择性,在图 6.5 中给出了劈裂环上面间隔处(小插图中标识为浅灰色部分,Vol 1)和下面间隔处(小插图中标识为灰色部分,Vol 2)电场增加和手性场增加的体积平均值随波长的变化谱。其中虚线对应电场增加,实线对应手性场增加,E-1-LCP(或 RCP)为 LCP(或 RCP)激发时 Vol 1 处对应的平均电场增加,E-2-LCP(或 RCP)为 LCP(或 RCP)激发时 Vol 2 处对应的平均电场增加,E-1 +2-LCP(或 RCP)则为对两个体积元求平均;类似地,C-1-LCP(或 RCP)为 LCP(或 RCP)激发时 Vol 1 处对应的平均手性场增加,C-2-LCP(或 RCP)为 LCP(或 RCP)激发时 Vol 2 处对应的平均手性场增加,C-1 + 2-LCP(或 RCP)则为手性场增加对两个体积元的平均值。由图6.5可以清晰地看到,当以LCP入射时,两个间隔处的电场在1 610 nm处的增强最强;当以LCP入射时,电场增强的波长选择性更强。当考虑近场手性增强时,可以看到在1 610 nm处,不管是LCP还是RCP激发,Vol 1处对应的手性增加体平均值总为负,而在Vol 2处则总为正。相反,当圆偏光以1 080 nm的波长激发时,在Vol 1处对应的手性增加体平均总为正,而在Vol 2处始终为负。相对而言,在1 610 nm处两个体积元对应的巨大手性差异在应用过程中具有更重要的意义和实用价值。综上所述,此矩形劈裂环在超手性场传感及分子催化等领域有着巨大的应用前景。

本章在第3章和第5章的研究基础上,进一步研究了Au-Ag纳米米二聚体的表面等离激元Fano共振和CD响应对环境介质的敏感性和矩形劈裂环的表面等离激元超手性场传感特性,得到以下结论:

对于Au-Ag纳米米二聚体,使其所处环境介质的折射率从1.1增加到1.4,Fano共振峰相应红移,两个主要峰对应的品质因子分别为6.6~10.1和4.2~4.3。当以左右旋偏光入射时,共振峰均红移,特别是以右旋偏光入射时,可见光波段的mode R1的FOM值在15.0~16.1区间,这远大于一般的局域共振和Fano共振传感因子。

分析Au-Ag纳米米二聚体的CD响应,CD峰相对一般的局域共振峰而言其半高宽度明显减小,其中较强的3个响应峰,从可见光到近红外区域,其FOM值分别为6.1~6.8,11.9~12.4和20.7~21.6,FOM值远远大于一般的传感器的灵敏值。相比而言,在近红外区域CD峰的FOM值是对应的Fano峰的FOM值的5倍左右。其他区域峰值的FOM值和Fano峰的FOM值相差不大。

通过研究了矩形劈裂环近场手性传感特性,发现该结构在劈裂间隔处有明显的左旋偏光和右旋偏光手性选择性。劈裂环的上面间隔处以 1 610,840 nm 的右偏光激发时手性场有明显增强,而以 LCP 激发时在 1 080,840 nm 两个波长处手性场明显增强。下面劈裂处手性场在 1 080 nm 处 RCP 激发下和在 1 610 nm 处 LCP 的激发下明显增加。这种手性场选择性增加可以同时应用于手性化学反应催化和检测中。对同一个 CD 共振峰,如 1 610 nm 处,RCP 光在上面间隔处激发较强的手性场而 LCP 光在下面间隔处激发较强的手性场,在 1 080 nm 处情况则刚好相反。这种手性场选择切换性在手性分子传感和催化等方面特别有用。

# 参考文献

[1] A. Willets, R. P. Van Duyne. Localized Surface Plasmon Resonance Spectroscopyand Sensing [J]. Aimu. Rev. Phys. Chem. ,2007(58): 267.

[2] R. W. Wood. On a remarkable case of uneven distribution of light in a diffraction grating spectrum [J]. Proc. Phys. Soc. London, 1902,18 (1): 269.

[3] J. C. Maxwell-Gamett. Colours in metal glasses and in metallic films [J]. Philos. Trans. R. Soc. London,1904,203(359-357): 385.

[4] G . Mie. BeitrSge zur Optik triiber Medien,speziell kolloidaler Metallosungen[J]. Annalen der Physik. (Leipzig),1908,330(3): 377.

[5] D. Pines. Collective energy losses in solids[J]. Rev. Mod. Phys., 1956,28(3):184.

[6] U. Fano. Atomic Theory of electromagnetic interactions in dense materi-

als[J]. Phys. Rev. ,1956,103(5): 1202.

[7] R. H. Ritchie. Plasma losses by fast electrons in thin films[J]. Phys. Rev. ,1957,106(5): 874.

[8] R. H. Ritchie,E. T. Arakawa, J. J. Cowan,et al. Surface-plasmon resonance effect ingrating diffiaction [J]. Phys. Rev. Lett. , 1968, 21 (22): 1530.

[9] A. Otto. Excitation of nonradiative surface plasma waves in silver by the method offrustrated total reflection[J]. Z. Phys. ,1968,216(4): 398.

[10] U. Kreibig,R. Zacharias. Surface plasma resonances in small spherical silver and goldparticles[J]. Z. Physik, 1970,231(2): 128.

[11] M. Fleischmann, P. J. Hendra, A. J. McQuillan. Raman spectra of pyridine adsorbedat a silver electrode [J]. Chem. Phys. Letters, 1974 (26): 163.

[12] T. W. Ebbesen, H. J. Lezec, H. F. Ghaemi, et al. Extraordinary optical transimission through sub-wavelength hole arrays [J]. Nature, 1998(39): 667.

[13] P. Manley, S. Burger, F. Schmidt, et al. Design Principles for Plasmonic Nanoparticle Devices[J]. Physics. optics, 2014(3):223.

[14] A. Singh, T. Chernenko, M. Amiji. Theranostic Applications of Plasmonic Nanosystems[J]. Acs Symposium, 2012(1113):383.

[15] D. A. Kalashnikov, Z. Pan, A. I. Kuznetsov, et al. Quantum Spectroscopy of Plasmonic Nanostructures[J]. Physical Review X, 2014 (4):355.

[16] S. Zhang, H. Wei, K. Bao, et al. Chiral surface plasmon polaritons on metallic nanowires [J]. Phys. Rev. Letters, 2011(107):096801.

[17] R. Shindou, R. Matsumoto, S. Murakami, et al. Topological chiral magnonic edge mode in a magnonic crystal [J]. Physical Review B, 2013(87).

[18] S. Tomita, Y. Kosaka, H. Yanagi, et al. Chiral meta-interface: Polarity reversal of ellipticity through double layers consisting of transparent chiral and absorptive achiral media [J]. Physical Review B, 2013(87).

[19] P. C. Hsu, X. Liu, C. Liu, et al. Personal thermal management by metallic nanowire-coated textile [J]. Nano Letters, 2016(141):756.

[20] M. Mivelle, T. Grosjean, G. W. Burr, et al. Strong Modification of Magnetic Dipole Emission through Diabolo Nanoantennas [J]. ACS Photonics, 2015(2):1071.

[21] L. V. Brown, H. Sobhani, J. Lassiter, et al. Heterodimers: Plasmonic Properties of Mismatched Nanoparticle Pairs [J]. ACS NANO, 2010 (2): 819.

[22] 梁秋群. 金属纳米结构表面等离激元杂化和吸收特性的研究[D]. 长春:中国科学院长春光学精密机械与物理研究所,2015.

[23] M. Jahn, S. Patze, I. J. Hidi, et al. Plasmonic nanostructures for surface enhanced spectroscopic methods [J]. Analyst, 2016(141):756.

[24] W. L. Barnes, A. Dereux, T. W. Ebbesen. Surface plasmon subwavelength optics [J]. Nature, 2003(424):824.

[25] X. Vidal, W. J. Kim, A. Baev, et al. Coupled plasmons induce broadband circular dichroism in patternable films of silver nanoparticles with chiral ligands [J]. Nanoscale, 2013(5):10550.

[26] S. Biswas, J. Duan, D. Nepal, et al. Plasmonic resonances in self-as-

sembled reduced symmetry gold nanorod structures [J]. Nano Letters, 2013(13):2220.

[27] J. I. Ziegler, R. F. Haglund. Plasmonic response of nanoscale spirals [J]. Nano Letters, 2010(10):3013.

[28] I. M. Hancu, A. G. Curto, M. Castro-López, et al. Multipolar Interference for Directed Light Emission [J]. Nano Letters, 2014 (14):166.

[29] S. Biswas, J. Duan, D. Nepal, et al. Plasmon-Induced Transparency in the Visible Region via Self-Assembled Gold Nanorod Heterodimers [J]. Nano Letters, 2013(13):6287.

[30] G. F. Walsh, L. Dal Negro. Enhanced Second Harmonic Generation by Photonic-Plasmonic Fano-Type Coupling in Nanoplasmonic Arrays [J]. Nano Letters, 2013(13):3111.

[31] A. Artar, A. A. Yanik, H. Altug. Multispectral Plasmon Induced Transparency in Coupled Meta-Atoms [J]. Nano Letters, 2011 (11):1685.

[32] K. Kimura, S-i. Naya, Y. Jin-nouchi, et al. $TiO_2$ Crystal Form-Dependence of the Au/$TiO_2$ Plasmon Photocatalyst's Activity [J]. The Journal of Physical Chemistry C, 2012 (116):7111.

[33] J. Morla-Folch, L. Guerrini, N. Pazos-Perez, et al. Synthesis and Optical Properties of Homogeneous Nanoshurikens [J]. ACS Photonics, 2014(1):1237.

[34] D. B. Amabilino. Chiralityatthe Nanoscale [M]. WILEY-VCH Verlag GmbH & Co. KGaA, 2009.

[35] K. ROBBI, J. Sit, M. Brett. Advanced techniques for glancing angle

deposition[J]. Journal of vacuum Science & Technology B, 1998(16):1115.

[36] M. Deubel, G. Von Freymann, M. Wegener, et al. Direct laser writing of three-dimensional photonic-crystal templates for telecommunications[J]. Nature materials, 2004(7):444.

[37] Y. K. Pang, J. Lee, H. Lee, et al. Chiral microstructures (spirals) fabrication by holographic lithography[J]. Opticas express, 2005(19):7615.

[38] Y. Wang,J. Xu, et al. Emerging chirality in nanoscience[J]. Chemical Society Reviews, 2013(7): 2930.

[39] Y. Yang, M. Suzuki, S. Owa, et al. Control of helical silica nanostructures using a chiral surfactant[J]. Journal of Materials Chemistry, 2006(17): 1644.

[40] K. E. Shopsowitz, H. Qi, W. Y. Hamad, et al. Free-standing mesoporous silica films with tunable chiral nematic structures[J]. Nature, 2010(7322):422.

[41] 廖中伟.矩形劈裂环和月牙形金纳米结构的表面等离激元 Fano 共振研究[D].重庆:重庆大学,2014.

[42] H. Rhee, J. S. Choi, D. J. Starling, et al. Amplifications in chiroptical spectroscopy, optical enantioselectivity, and weak value measurement [J]. Chemical Science, 2013(4):4107.

[43] A. O. Govorov, Z. Fan. Theory of chiral plasmonic nanostructures comprising metal nanocrystals and chiral molecular media [J]. Chemphyschem: a European journal of chemical physics and physical chemistry, 2012(13):2551.

[44] L. Tang, S. Li, L. Xu, et al. Chirality-based Au@ Ag Nanorod Dimers Sensor for Ultrasensitive PSA Detection [J]. ACS applied materials & interfaces, 2015(7):12708.

[45] N. H. Kim, T. W. Kim, K. M Byun. How to avoid a negative shift in reflection-type surface plasmon resonance biosensors with metallic nanostructures [J]. Optics express, 2014(22):4723.

[46] C. Du, M. Huang, T. Chen, et al. Linear or quadratic plasmon peak sensitivities for individual Au/Ag nanosphere sensors [J]. Sensors and Actuators B: Chemical, 2014(1):812.

[47] M. Li, S. K. Cushing, H. Liang, et al. Plasmonic nanorice antenna on triangle nanoarray for surface-enhanced Raman scattering detection of hepatitis B virus DNA [J]. Analytical chemistry, 2013(85):2072.

[48] Y. Tang, A. E. Cohen. Enhanced enantioselectivity in excitation of chiral molecules by superchiral light[J]. Science, 2011(332):333.

[49] D. Punj, R. Regmi, A. Devilez, et al. Self-Assembled Nanoparticle Dimer Antennas for Plasmonic-Enhanced Single-Molecule Fluorescence Detection at Micromolar Concentrations[J]. ACS Photonics, 2015(8):1099.

[50] L. Barron. Molecular Light Scattering And Optical Activity[M]. Cambridge, 2004.

[51] F. Pineider, G. Campo, V. Bonanni, et al. Circular Magnetoplasmonic Modes in Gold Nanoparticles [J]. Nano Letters, 2013(13):4785.

[52] B. Yeom, H. Zhang, H. Zhang, et al, A. O. Govorov, et al. Chiral Plasmonic Nanostructures on Achiral Nanopillars [J]. Nano Letters, 2013(13):5277.

[53] M. Hentschel, M. Schäferling, B. Metzger, et al. Plasmonic Diastereomers: Adding up Chiral Centers [J]. Nano Letters, 2013 (13):600.

[54] B. M. Maoz, A. Ben Moshe, et al. Chiroptical Effects in Planar Achiral Plasmonic Oriented Nanohole Arrays [J]. Nano Letters, 2012 (12):2357.

[55] W. Chen, D. C. Abeysinghe, R. L. Nelson, et al. Experimental Confirmation of Miniature Spiral Plasmonic Lens as a Circular Polarization Analyzer [J]. Nano Letters, 2010(10):2075.

[56] C. Noguez, I. L. Garzon. Optically active metal nanoparticles [J]. Chemical Society reviews, 2009(38):757.

[57] N. Berova, L. Di Bari, G. Pescitelli. Application of electronic circular dichroism in configurational and conformational analysis of organic compounds [J]. Chemical Society reviews, 2007(36):914.

[58] 王雪思. 金属表面等离子共振材料的手性自组装及其在生物医学领域的应用[D]. 长春:吉林大学,2014.

[59] E. Plum, X. X. Liu, V. Fedotov, et al. Metamaterials: Optical Activity without Chirality [J]. Physical Review Letters, 2009 (102):113902.

[60] Y. Tang, A. E. Cohen. Optical Chirality and Its Interaction with Matter [J]. Physical Review Letters, 2010(104):163901.

[61] H. Kawamura. Chiral critical lines of stacked triangular antiferromagnets under magnetic fields[J]. Physical Review B, 1993(47):3415.

[62] E. Plum, J. Zhou, J. Dong, et al. Metamaterial with negative index due to chirality [J]. Physical Review B, 2009(79):035407.

[63] E. Plum, V. A. Fedotov, A. S. Schwanecke, et al. Giant optical gyrotropy due to electromagnetic coupling [J]. Applied Physics Letters, 2007(90):223113.

[64] N. I. Zheludev, E. Plum, V. A. Fedotov. Metamaterial polarization spectral filter: Isolated transmission line at any prescribed wavelength [J]. Applied Physics Letters, 2011(99):171915.

[65] T. Gregory Schaaff, R. L. Whetten. Giant Gold-Glutathione Cluster Compouds: Intense Optical Activity in Metal-Based Transitions [J]. J. Phys. Chem. B, 2000(104):2630.

[66] I. Dolamic, S. Knoppe, A. Dass, et al. First enantioseparation and circular dichroism spectra of Au38 clusters protected by achiral ligands [J]. Nature communications, 2012(3):798.

[67] A. S. Schwanecke, A. Krasavin, D. M. Bagnall, et al. Broken time reversal of light interaction with planar chiral nanostructures [J]. Phys. Rev. Letters, 2003(91):247404.

[68] A. Papakostas, A. Potts, D. M. Bagnall. et al. Optical manifestations of planar chirality [J]. Phys. Rev. Letters, 2003(90):107404.

[69] M. Kuwata-Gonokami, N. Saito, Y. Ino, et al. Giant optical activity in quasi-two-dimensional planar nanostructures [J]. Phys. Rev. Letters, 2005(95):227401.

[70] E. Hendry, T. Carpy, J. Johnston, et al. Ultrasensitive detection and characterization of biomolecules using superchiral fields [J]. Nature Nanotechnology, 2010(209): 783.

[71] J. K. Gansel, M. Thiel, M. S. Rill, et al. Gold Helix Photonic Metamaterial as Broadband Circular Polarizer [J]. Science, 2009

(325): 1513.

[72] B. Frank, X. H. Yin, M. schaferling, et al. Large-Area 3D Chiral Plasmonic Structures [J]. Acs. Nano. ,2013(7): 6321.

[73] M. Esposito, V. Tasco, F. Todisco, et al. Triple-helical nanowires by tomographic rotatory growth for chiral photonics [J]. Nature communications, 2015(6):6484.

[74] T. Narushima, H. Okamoto. Circular dichroism nano-imaging of two-dimensional chiral metal nanostructures [J]. Physical chemistry chemical physics: PCCP, 2013(15):13805.

[75] A. Shaltout, J. Liu, V. M. Shalaev, et al. Optically Active Metasurface with Non-Chiral Plasmonic Nanoantennas [J]. Nano Letters, 2014(14):4426.

[76] B. Auguié, J. L. Alonso-Gómez, A. Guerrero-Martínez, et al. Fingers Crossed: Optical Activity of a Chiral Dimer of Plasmonic Nanorods [J]. The Journal of Physical Chemistry Letters, 2011(2):846.

[77] Z. Fan, A. O. Govorov. Plasmonic circular dichroism of chiral metal nanoparticle assemblies [J]. Nano Letters, 2010(10):2580.

[78] P. Wang, L. Chen, R. Wang, et al. Giant optical activity from the radiative electromagnetic interactions in plasmonic nanoantennas [J]. Nanoscale, 2013(5):3889.

[79] V. E. Ferry, J. M. Smith, A. P. Alivisatos. Symmetry Breaking in Tetrahedral Chiral Plasmonic Nanoparticle Assemblies [J]. ACS Photonics, 2014(1):1189.

[80] K. Chaudhari, T. Pradeep. Optical rotation by plasmonic circular dichroism of isolated gold nanorod aggregates [J]. Applied Physics Let-

ters, 2014(105):203105.

[81] Z. Fan, H. Zhang, A. O. Govorov. Optical Properties of Chiral Plasmonic Tetramers: Circular Dichroism and Multipole Effects [J]. The Journal of Physical Chemistry C, 2013(117):14770.

[82] A. Kuzyk, R. Schreiber, Z. Fan, et al. DNA-based self-assembly of chiral plasmonic nanostructures with tailored optical response [J]. Nature, 2012(483):311.

[83] W. Ma, H. Kuang, L. Xu, et al. Attomolar DNA detection with chiral nanorod assemblies [J]. Nature communications, 2013(4):2689.

[84] J. George, K. George Thomas. Surface Plasmon Coupled Circular Dichroism of Au Nanoparticles on Peptide Nanotubes [J]. J. AM. CHEM. SOC, 2010(132): 2502.

[85] N. Meinzer, E. Hendry, W. L. Barnes. Probing the chiral nature of electromagnetic fields surrounding plasmonic nanostructures [J]. Physical Review B, 2013(88):384.

[86] S. Zu, Y. Bao, Z. Fang. Planar Plasmonic Chiral Nanostructures [J]. Nanoscale,2016(8):3900.

[87] X. Duan,S. Yue,N. Liu. Understanding complex chiral plasmonics. Nanoscale, 2015(7):17237.

[88] X. Shen,P. Zhan, A. Kuzyk, et al. 3D plasmonic chiral colloids [J]. Nanoscale, 2014(6):2077.

[89] E. Plum, V. A. Fedotov, N. I. Zheludev. Optical activity in extrinsically chiral metamaterial [J]. Applied Physics Letters, 2008(93):191911.

[90] C. Feng, Z. B. Wang, S. Lee, et al. Giant circular dichroism in ex-

trinsic chiral metamaterials excited by off-normal incident laser beams [J]. Optics Communications, 2012(285):2750.

[91] T. Cao, C. Wei, L. Mao, et al. Extrinsic 2D chirality: giant circular conversion dichroism from a metal-dielectric-metal square array [J]. Scientific reports, 2014(4):7442.

[92] X. Lu, J. Wu, Q. Zhu, et al. Circular dichroism from single plasmonic nanostructures with extrinsic chirality [J]. Nanoscale, 2014 (6):14244.

[93] A. Yokoyama, M. Yoshida, A. Ishii, et al. Giant Circular Dichroism in Individual Carbon Nanotubes Induced by Extrinsic Chirality [J]. Physical Review X, 2014(4):331.

[94] X. Tian, Y. Fang, B. Zhang. Multipolar Fano Resonances and Fano-Assisted Optical Activity in Silver Nanorice Heterodimers [J]. ACS Photonics, 2014(1):1156.

[95] B. M. Maoz, Y. Chaikin, A. B. Tesler, et al. Amplification of Chiroptical Activity of Chiral Biomolecules by Surface Plasmons [J]. Nano Letters, 2013(13):1203.

[96] N. A. Abdulrahman, Z. Fan, T. Tonooka, et al. Induced chirality through electromagnetic coupling between chiral molecular layers and plasmonic nanostructures [J]. Nano Letters, 2012(12):977.

[97] A. O. Govorov. Plasmon-Induced Circular Dichroism of a Chiral Molecule in the Vicinity of Metal Nanocrystals. Application to Various Geometries [J]. The Journal of Physical Chemistry C, 2011 (115):7914.

[98] S. A. Maier. Plasmonics: Fundamentals and applications [M].

Springer, 2007.

[99] J. Kaschke, M. Wegener. Gold triple-helix mid-infrared metamaterial by STED-inspired laser lithography [J]. Optics letters, 2015 (40):3986.

[100] M. Esposito, V. Tasco, F. Todisco, et al. Tailoring chiro-optical effects by helical nanowire arrangement [J]. Nanoscale, 2015 (7):18081.

[101] M. Esposito, V. Tasco, M. Cuscunà, et al. Nanoscale 3D Chiral Plasmonic Helices with Circular Dichroism at Visible Frequencies [J]. ACS Photonics, 2015(2):105.

[102] E. Hendry, T. Carpy, J. Johnston, et al. Ultrasensitive detection and characterization of biomolecules using superchiral fields [J]. Nature Nanotechnology, 2010(209): 783.

[103] R. Schreiber, Luong, Z. Fan, A. Kuzyk, P. C. Nickels, T. Zhang, et al. Chiral plasmonic DNA nanostructures with switchable circular dichroism [J]. Nature communications, 2013(4):2948.

[104] B. Dereka, A. Rosspeintner, Z. Li, et al. Direct Visualization of Excited-State Symmetry Breaking Using Ultrafast Time-Resolved Infrared Spectroscopy [J]. Journal of the American Chemical Society, 2016 (138):4643.

[105] Z. Fang, Q. Peng, W. Song, et al. Plasmonic focusing in symmetry broken nanocorrals. Nano Letters, 2011(11):893.

[106] S. Panaro, A. Nazir, C. Liberale, et al. Dark to Bright Mode Conversion on Dipolar Nanoantennas: A Symmetry-Breaking Approach [J]. ACS Photonics, 2014(1):310.

[107] L. S. Slaughter, Y. P. Wu, B. A. Willingham, et al. Effects of Symmetry Breaking and Conductive Contact on the Plasmon Coupling in Gold Nanorod Dimers [J]. ACS NANO, 2010(4): 4657.

[108] S. Zhang, K. Bao, N. J. Halas, et al. Substrate-induced Fano resonances of a plasmonic nanocube: a route to increased-sensitivity localized surface plasmon resonance sensors revealed [J]. Nano Letters, 2011(11):1657.

[109] S. N. Sheikholeslami, A. Garcia-Etxarri, J. A. Dionne. Controlling the interplay of electric and magnetic modes via Fano-like plasmon resonances [J]. Nano Letters, 2011(11):3927.

[110] L. Chuntonov, G. Haran. Effect of Symmetry Breaking on the Mode Structure of Trimeric Plasmonic Molecules [J]. The Journal of Physical Chemistry C, 2011(115):19488.

[111] B. Sun, L. Zhao, C. Wang, et al. Tunable Fano Resonance in E-Shape Plasmonic Nanocavities [J]. The Journal of Physical Chemistry C, 2014(118):25124.

[112] B. Metzger, T. Schumacher, M. Hentschel, et al. Third Harmonic Mechanism in Complex Plasmonic Fano Structures [J]. ACS Photonics, 2014(1):471.

[113] W. Yue, Y. Yang, Z. Wang, et al. Gold Split-Ring Resonators (SRRs) as Substrates for Surface-Enhanced Raman Scattering [J]. The Journal of Physical Chemistry C, 2013(117):21908.

[114] Y. Cai, Y. Cao, P. Nordlander, et al. Fabrication of Split-Rings via Stretchable Colloidal Lithography [J]. ACS Photonics, 2014 (1):127.

[115] P. B. Johnson, R. W. Christy. Optical Constants of the Noble Metals [J]. Physical Review B, 1972(6):4370.

[116] P. C. Chaumet, A. Sentenac, A. Rahmani. Coupled dipole method for scatterers with large permittivity [J]. Physical review E, Statistical, nonlinear, and soft matter physics, 2004(70):036606.

[117] P. C. Chaumet, K. Belkebir, A. Rahmani. Coupled-dipole method in time domain [J]. Optical Express, 2009(16):20157.

[118] G. W. Mulholland, C. F. Bohren, K. A. Fuller. Light Scattering by Agglomerates: Coupled Electric and Magnetic Dipole Method [J]. Langmuir: the ACS journal of surfaces and colloids, 1994(10):2533.

[119] J. A. Schellman. Circular Dichroism and Optical Rotation [J]. Chemical Reviews, 1975(75): 3.

[120] Z. Fang, J. Cai, Z. Yan, et al. Removing a wedge from a metallic nanodisk reveals a fano resonance [J]. Nano Letters, 2011(11): 4475.

[121] J. D. Jackson. Classical Electrodynamics [J]. American Journal of Physics, 1999(15):62.

[122] S. J. Tan, M. J. Campolongo, D. Luo, et al. Building plasmonic nanostructures with DNA [J]. Nature nanotechnology, 2011(6): 268.

[123] G. K. Larsen, Y. Z. He, W. Ingram, et al. The fabrication of three-dimensional plasmonic chiral structures by dynamic shadowing growth [J]. Nanoscale, 2014(6): 9467.

[124] X. Yin, M. Schaferling, B. Metzger, et al. Interpreting chiral nano-

photonic spectra: the plasmonic Born-Kuhn model [J]. Nano Letters, 2013(13):6238.

[125] L. Hu, X. Tian, Y. Huang, et al. Quantitatively analyzing the mechanism of giant circular dichroism in extrinsic plasmonic chiral nanostructures by tracking the interplay of electric and magnetic dipoles [J]. Nanoscale, 2016(8):3720.

[126] R. Ogier, Y. Fang, M. Svedendahl, et al. Macroscopic Layers of Chiral Plasmonic Nanoparticle Oligomers from Colloidal Lithography [J]. ACS Photonics, 2014(1):1074.

[127] J. G. Gibbs, A. G. Mark, S. Eslami, et al. Plasmonic nanohelix metamaterials with tailorable giant circular dichroism [J]. Applied Physics Letters, 2013(103):213101.

[128] M. Hentschel, M. Schäferling, T. Weiss, et al. Three-Dimensional Chiral Plasmonic Oligomers [J]. Nano Letters, 2012(12):2542-7.

[129] Z. Fan, A. O. Govorov. Chiral Nanocrystals: Plasmonic Spectra and Circular Dichroism [J]. Nano Letters, 2012(12):3283.

[130] A. Vittorini-Orgeas, A. Bianconi. From Majorana Theory of Atomic Autoionization to Feshbach Resonances in High Temperature Superconductors [J]. J Supercond Nov Magn, 2009(22):215.

[131] F. Cheng, H. F. Liu, B. H. Li, et al. Tuning asymmetry parameter of Fano resonance of spoof surface plasmons by modes coupling [J]. Applied Physics Letters, 2012(100):131110.

[132] J. A. Fan, K. Bao, C. Wu, et al. Fano-like interference in self-assembled plasmonic quadrumer clusters [J]. Nano Letters, 2010(10):4680.

[133] J. Ye, F. Wen, H. Sobhani, et al. Plasmonic nanoclusters: near field properties of the Fano resonance interrogated with SERS [J]. Nano Letters, 2012(12):1660.

[134] W-S. Chang, J. B. Lassiter, P. Swanglap, et al. A Plasmonic Fano Switch [J]. Nano Letters, 2012(12):4977.

[135] 刘冉,史金辉,E. Plum,等. 基于平面超材料的 Fano 谐振可调研究[J]. 物理学报,2012(61):154101.

[136] 潘少华,陈正豪,金奎娟,等. 超晶格共振 Raman 谱 Fano 线性的理论与实验研究[J]. 科学通报,1995(40):1090.

[137] S. Mukherjee, H. Sobhani, J. B. Lassiter, et al. Fanoshells: nanoparticles with built-in Fano resonances [J]. Nano Letters, 2010(10): 2694.

[138] N. Passarelli, L. A. Perez, E. A. Coronado. Plasmonic Interactions: From Molecular Plasmonics and Fano Resonances to Ferroplasmons [J]. ACS NANO, 2014(8):9723.

[139] M. E. Stewart, C. R. Anderton, L. B. Thompson, et al. Nanostructured Plasmonic Sensors [J]. Chem. Rev., 2008(108):494.

[140] K. M. Mayer, J. H. Hafner. Localized surface plasmon resonance sensors [J]. Chemical reviews, 2011(111):3828.

[141] F. Hao, Y. Sonnefraud, P. V. Dorpe, et al. Symmetry Breaking in Plasmonic Nanocavities: Subradiant LSPR Sensing anda Tunable Fano Resonance[J]. Nano Letters, 2008(8):3983.

[142] A. Canaguier-Durand, C. Genet. Chiral near fields generated from plasmonic optical lattices [J]. Physical Review A, 2014(90):023842.

[143] E. Hendry, R. V. Mikhaylovskiy, L. D. Barron, et al. Chiral electromagnetic fields generated by arrays of nanoslits [J]. Nano Letters, 2012(12):3640.

[144] R. Kolkowski, L. Petti, M. Rippa, et al. Octupolar Plasmonic Meta-Molecules for Nonlinear Chiral Watermarking at Subwavelength Scale [J]. ACS Photonics, 2015(2):899.

[145] M. Schaferling, X. H. Yin, H. Giessen. Formation of chiral fields in a symmetric environment [J]. Optics Express, 2012(20): 26326.

[146] M. Schäferling, X. Yin, N. Engheta, et al. Helical Plasmonic Nanostructures as Prototypical Chiral Near-Field Sources [J]. ACS Photonics, 2014(1):530.

[147] X. Tian, Y. Fang, M. Sun. Formation of Enhanced Uniform Chiral Fields in Symmetric Dimer Nanostructures [J]. Scientific reports, 2015(5):17534.

[148] L. Hu, Y. Huang, L. Fang, et al. Fano Resonance Assisting Plasmonic Circular Dichroism from Nanorice Heterodimers for Extrinsic Chirality[J]. Sci Rep, 2015(5):16069.

[149] L. Hu, X. Tian, Y. Huang, et al. Quantitatively Analyzing the Mechanism of Giant Circular Dichroism in Extrinsic Plasmonic Chiral Nanostructures by Tracking the Interplay of Electric and Magnetic Dipoles[J]. Nanoscale, 2016(8): 3720-8.